Python程序设计教程

Python Chengxu Sheji Jiaocheng

主　编　夏继禹

西南财经大学出版社
Southwestern University of Finance & Economics Press
中国·成都

图书在版编目(CIP)数据

Python 程序设计教程/夏继禹主编．—成都:西南财经大学出版社,2020.12
ISBN 978-7-5504-4506-2

Ⅰ.①P…　Ⅱ.①夏…　Ⅲ.①软件工具—程序设计—高等职业教育—教材　Ⅳ.①TP311.561

中国版本图书馆 CIP 数据核字(2020)第 158277 号

Python 程序设计教程

主编　夏继禹

策划编辑:王琳
责任编辑:王琳
封面设计:张姗姗
责任印制:朱曼丽

出版发行	西南财经大学出版社(四川省成都市光华村街 55 号)
网　　址	http://www.bookcj.com
电子邮件	bookcj@foxmail.com
邮政编码	610074
电　　话	028-87353785
照　　排	四川胜翔数码印务设计有限公司
印　　刷	成都金龙印务有限责任公司
成品尺寸	185mm×260mm
印　　张	12.25
字　　数	276 千字
版　　次	2020 年 12 月第 1 版
印　　次	2020 年 12 月第 1 次印刷
书　　号	ISBN 978-7-5504-4506-2
定　　价	35.00 元

前言

Python 语言是目前使用最广泛的编程语言之一，具有易学、开放源码、可移植性、可扩展性、可嵌入性，既支持面向过程编程也支持面向对象编程等特点，深受程序设计人员的欢迎，网站、游戏开发、机器人、人工智能、大数据、云计算、金融工程领域以及一些高科技领域都会用到 Python 语言。Python 有非常强大的第三方库。

学习 Python 语言建议从以下三个方面去把握：

(1) 掌握基本词法和语法。如同汉语的字、词和语法应牢记一样，只有掌握了会语言的基本词法和语法，才有可能正确地运用 Python 语言。

(2) 培养编程能力。对一个程序员来说，编程能力比程序语言更重要，在学习程序语言的过程中应努力培养自己的编程能力。“兴趣是最好的老师”，编程兴趣是培养编程能力的动力。只要有编程兴趣，坚持编码实践就会成为习惯，就能够在软件开发环境中游刃有余。

(3) 提升编程能力。编程能力对一个程序员来说非常重要。软件开发或者编码是一项技术。如果只是掌握了 Python 语言的基本词法和语法，而不能够灵活运用 Python 语言，也会很难发挥这门语言的作用。因此，应学习一定的数据结构与算法知识，学习使用 Python 库，阅读源代码，逐步让编程实现质的飞跃。

本书在讲解 Python 语言的基本词法和语法及基础应用的同时，还注重对学生编程能力的培养。为了使初学程序设计的人能够很好地理解程序，本书对实例尽可能进行问题分析，对绝大多数程序加上了详细的注释；在每章后面设置了实训项目，并有要点提示。为拓展编程知识增加了部分相关的函数或方法。全书共分十章。第 1 章除了讲解 Pythont 自带开发环境 IDLE 以外，还介绍了集成开发环境 Anaconda 的 Spyder 使用方法；第 2 章讲解 Python 编程的基础知识，以利于初学者学习掌握必备的基础知识；

第 3 章通过实例详细讲解控制语句的语法和执行过程以及对异常的处理；第 4 章讲解 Python 的列表、元组、字符串和字典数据结构类型，通过例子说明数据结构类型在编程中的运用；第 5 章讲解自定义函数并介绍了模块；第 6 章讲解类与对象的基本概念、属性变量的定义和使用，对象方法、类方法、静态方法的定义和使用，以及类的继承关系；第 7 章不仅讲解了文本文件的操作，还讲解了二进制文件和 CSV 文件的基本操作；第 8 章基于 Socket 的 TCP 协议编程，讲解了客户端与服务器端简单的同步通信、服务器端与多客户端通信和文件的网络传输；第 9 章讲解 Python 提供的标准 GUI 库 Tkinter 以及常用控件和几何布局管理器的运用；第 10 章讲解第三方模块 Pymysq 的使用，MySQL 数据库的创建和连接，数据库表的创建，记录的增、删、改、查询和排序操作。

本书是基于 Windows 7 和 Python3. 8 IDLE 开发环境编写而成的，主要包括 Python 开发环境、Python 语言编程基础、程序控制结构、Python 数据结构类型、自定义函数和模块、面向对象编程、文件操作、网络编程、图形界面设计、MySql 数据库基本操作。本书集教材、练习、实训于一体，注重基础，强调实践，在内容讲解上采用循序渐进、逐步深入的方式，重点突出编程训练，实例选择恰当。

本书既适合作为高职院校计算机类专业 Python 程序设计课程的教材，也可供软件设计人员与计算机编程爱好者自学和参考。

本书成稿过程历时两年有余，随着教学理念的不断发展以及教学经验的积累，大部分实例经过多次修改完善。本书全部实例都经作者编写调试，绝大部分实例是作者原创。此外，还要感谢学校信息工程学院的几位教师在本书编写过程中给予的支持。

编　者

2020 年 6 月

目录

1 Python 概述

Python 是一种动态解释型、面向对象的计算机程序设计语言,可以在 Windows、UNIX 等操作系统上使用,广泛用于计算机程序设计教学语言、系统管理编程脚本语言、科学计算等,特别适用于快速的应用程序开发。

■本章学习要点

(1) Python 的发展历史与特点;
(2) Python 在 Windows 平台的安装及环境变量配置;
(3) Python IDLE 使用方法;
(4) 集成开发环境 PyCharm 或 Spider 的使用方法。

1.1 Python 的发展历史与特点

1.1.1 Python 的发展历史

Python 语言诞生于 1990 年,由 Guido van Rossum 开发。2000 年 10 月,Python 2.0 正式发布。2008 年 12 月,Python 3.0 正式发布,在语法层面和解释器内部做了很多重大改进,解释器内部采用完全面向对象的方式实现,几万个函数库已逐步升级。由于 Python 3.x 系列版本代码无法向下兼容 Python 2.x 系列的既有语法,于是 2010 年发布了 2.x 终结版 Python 2.7。至今,绝大部分 Python 函数库和 Python 程序员采用 Python 3.0 系列语法和解释器。

Python 是一种结合了解释性、编译性、互动性和面向对象的高层次计算机程序语言。Python 能够自动管理内存的使用,既支持命令式程序设计、面向对象程序设计、函数式编程、泛型编程多种编程范式,也非常适合完成各种高级任务。Python 常用于网络应用、科学计算、软件开发、游戏开发、图形用户界面(GUI)开发、数据库访问、操作系统管理、教育教学等。

1.1.2 Python 的特点

Python 语言是一种采用解释执行机制的高级通用脚本编程语言,具有很多区别于其他语言的特点。这里仅列出 Python 的一些重要特点。

(1)语法简洁。语法简单,易学、易读、易维护,实现相同程序功能,Python 语言的代码行数仅相当于其他语言的 1/10 至 1/5。

(2)面向对象。Python 既支持面向过程的编程,也支持面向对象的编程。支持继承、重载,有易于源代码的复用性。

(3)可移植。由于具有开源的本质,Python 已经被移植在许多平台上。用 Python 语言编写的程序可以不经修改,在任何安装有解释器的计算机环境中运行。

(4)可扩展性。Python 语言具有优异的扩展性。Python 提供了丰富的应用程序编程接口和工具,以便程序员能够轻松地使用 C、C++、Java 等语言来编写扩充模块。

(5)免费和开源。Python 是 FLOSS(自由/开放源码软件)之一,允许自由地发布此软件的拷贝、阅读和修改其源代码,或将其一部分用于新的自由软件中。

(6)通用灵活。Python 语言是一个通用编程语言,可用于编写各领域的应用程序,这为该语法提供了广阔的应用空间。几乎各类应用,从科学计算、数据处理到人工智能、机器人,Python 语言都能够发挥重要作用。

(7)支持中文。Python 3.0 解释器采用 UTF-8 编码表达所有字符信息,在处理中文时更加灵活且高效。

(8)类库丰富。Python 提供了功能丰富的内置类和函数库,此外,还有数量巨大的、各种领域的、功能强大的第三方库函数。

1.2 Python 程序开发环境

Python 是一门跨平台的脚本语言,不仅自带一个基本的集成开发环境(IDE),还可以搭配第三方在不同平台上提供的众多 IDE。Python IDE 在不同平台的安装和配置大致相同。

1.2.1 Python 自带开发环境 IDLE

1.2.1.1 下载 Python 安装程序

访问 Python 官网 https://www.Python.org/,Python 安装程序依照操作系统分为 32 位和 64 位,有 embeddable zip file(zip 嵌入式文件解压免安装版)、executable installer(可执行 exe 格式安装版)、web-based installer(在线安装版)三种格式多个版本,可选择需要的版本下载。

1.2.1.2 安装 Python

Python 的安装过程与其他的 Windows 安装程序类似,如基于 Windows 7 运行 python-

3.8.1-amd64.exe 安装 64 位的 Python-3.8.1 版本。

(1)运行 Python-3.8.1-amd64.exe，在弹出的 Python 安装向导窗口，勾选“Add Python 3.8 to PATH”复选框，然后单击“Customize installation”按钮，如图 1-1 所示。

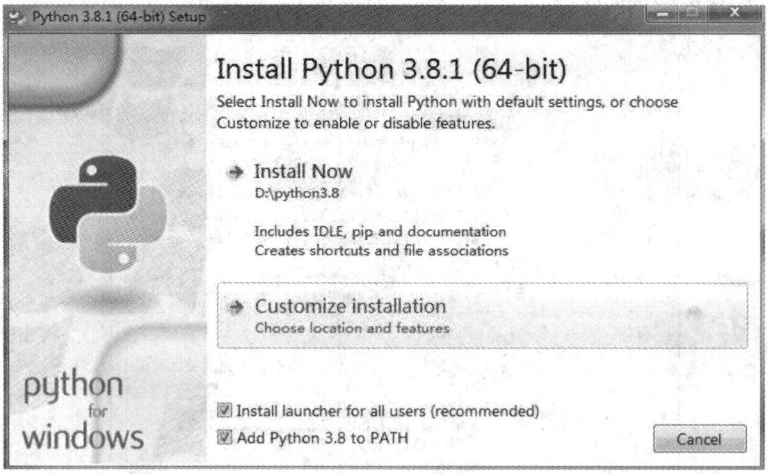

图 1-1　Python 安装

(2)在弹出的对话窗口界面保持默认选择，单击“Next”按钮，弹出如图 1-2 所示界面，可以修改安装路径，单击“Install”按钮开始安装，弹出安装结束窗口后，关闭窗口完成安装。

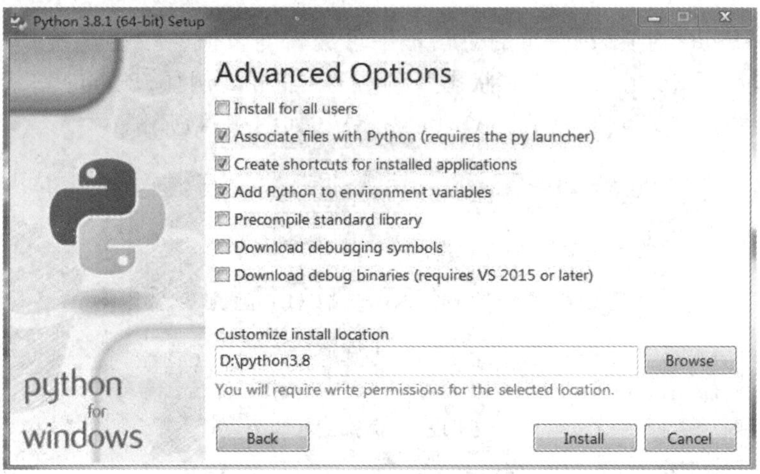

图 1-2　Python 路径设置

1.2.1.3　设置环境变量

以 Windows7 为例，在开始按钮搜索栏中输入“cmd”或按组合键“win”+“R”，打开命令提示符窗口，输入“Python”命令，会出现以下两种情况。

情况一：如果出现 Python 的提示符“>>>”，说明 Python 已经安装成功。

情况二：如果报错信息如“‘Python’既不是内部或外部命令，也不是可运行的程序或批处理文件”，这是因为 Windows 系统会根据一个 PATH 环境变量设定的路径去查找ython.exe，如果没有找到就会报错。这时需要对 Python 进行环境变量设置。其设置方法如下：

(1)右击“计算机”图标,选择“属性”命令。

(2)在弹出的窗口中选择“高级系统设置”选项。

(3)在弹出的对话框中单击“环境变量”按钮。

(4)在弹出的对话框中找到“系统变量”列表框中的“Path”选项,如图 1-3 所示。

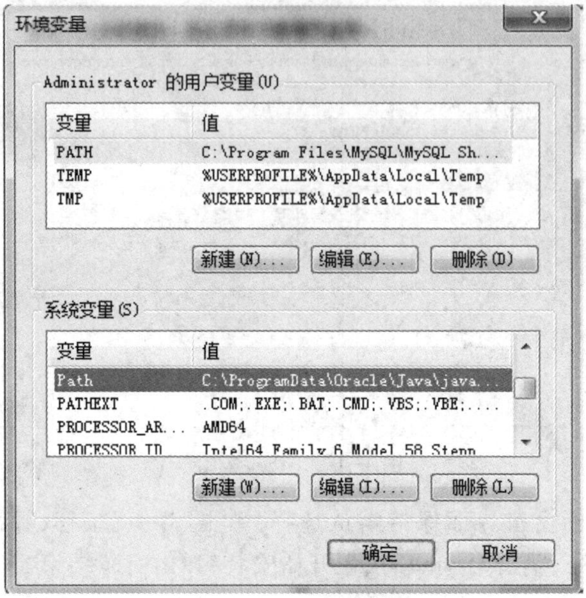

图 1-3　找到“Path”

(5)双击“Path”选项,在弹出的对话框中可编辑变量值,在“变量值”文本框中添加 Python 的安装路径,并用“;”(英文状态下的分号)隔开。例如,Python 安装路径为 D:\Python3.8,则添加的变量值为“; D:\Python3.8\”,如图 1-4 所示。

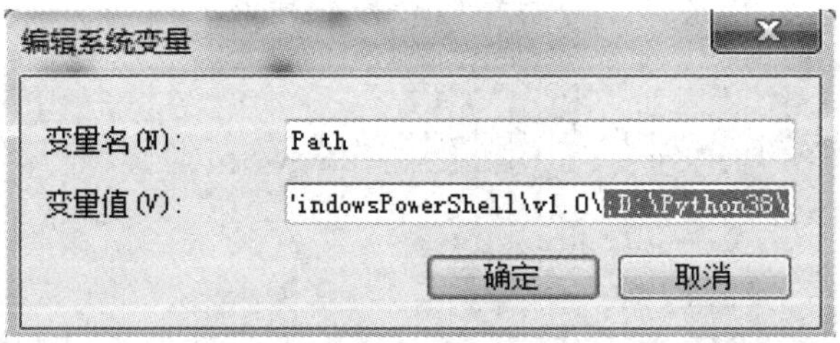

图 1-4　添加路径

(6)单击“确定”按钮,再次打开命令提示符窗口,输入“Python”命令,即会出现 Python 的提示符“>>>”,说明已经配置好 Python 的环境变量。

1.2.1.4　运行 Python

Python 的打开方式有两种:

(1)启动 Python 解释器

打开 Windows 7 的开始按钮,在菜单中单击 Python3.8,启动 Python 解释器的命令行窗口,也可通过开始菜单运行 python.exe 启动 Python 解释器命令行窗口。此解释器是一个交互式编程环境,在命令提示符“>>>”后面用户输入每行代码,回车即时显示输出结果。例如,输入程序代码 print(“hello,everyone”)后按回车键,结果如图 1-5 所示。

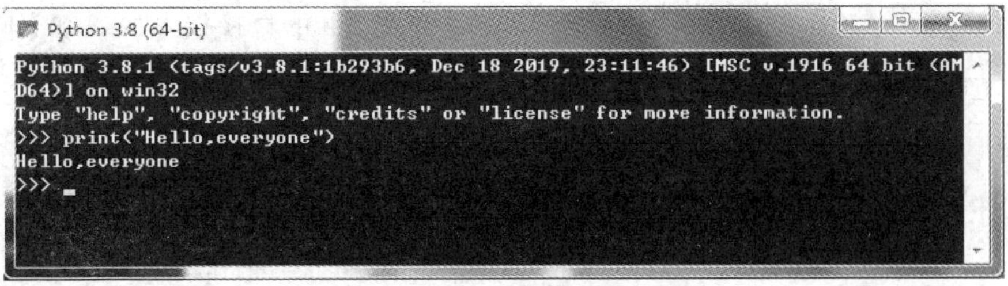

图 1-5　Python 解释器命令行窗口

(2)启动 IDLE

IDLE 是开发 Python 程序内置的基本 IDE(集成开发环境),当安装好 Python 以后,IDLE 就自动安装好了。打开 Windows 7 的“开始”按钮,在菜单中单击“IDLE (Python3. 8)”,进入 IDLE 的 Python3. 8. 1 Shell 界面窗口,如图 1-6 所示。

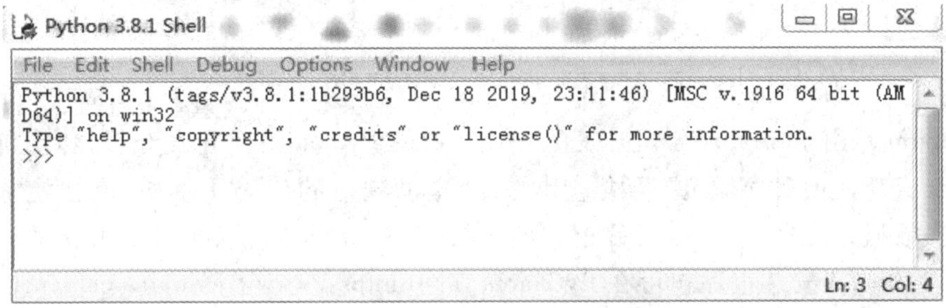

图 1-6　IDLE 界面

IDLE 有两个主要窗口类型,分别是命令行窗口和编辑器窗口,命令行窗口的功能与前面的解释器命令行窗口的相同。用户可以同时打开多个编辑器窗口编写程序代码,将 Python 程序保存为 . py 格式文件,可启动 Python 解释器批量执行文件中的代码。

例如,编写程序代码:print(“hello everyone”)、print(“hello world”)保存为 hello. py 并运行程序。编写程序的方法如下:

①在 IDLE 主窗口的菜单栏上,选择“File” →“save”菜单项,打开一个新窗口。这个新窗口不是交互模式,而是一个具备 Python 语法高亮辅助的编辑器,可以直接进行 Python 代码编辑。

②写入 print(“hello everyone”)后按下回车键,将自动换到下一行再写入 print(“hello world”)再按下回车键。

③在菜单栏中选择“File” →“New File”菜单项(也可直接按下快捷键 <Ctrl+S>),保存文件名为 hello. py。其中 . py 是 Python 文件的扩展名,如图 1-7 所示。

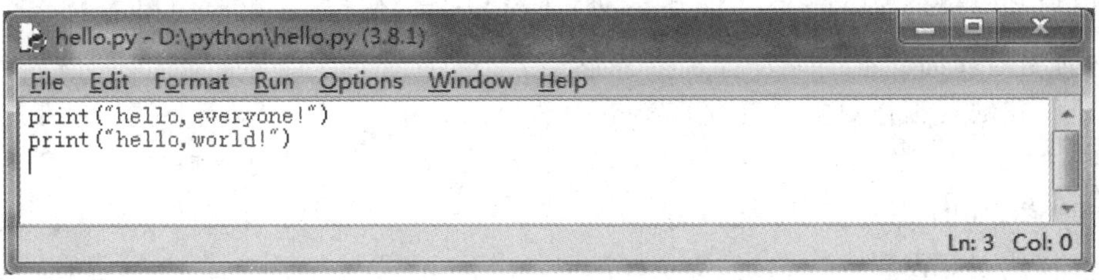

图 1-7　IDLE 编辑器窗口

④在菜单栏中选择“File” →“Run Module”菜单项(也可直接按下快捷键 <F5>),运行程序,结果如图 1-8 所示。

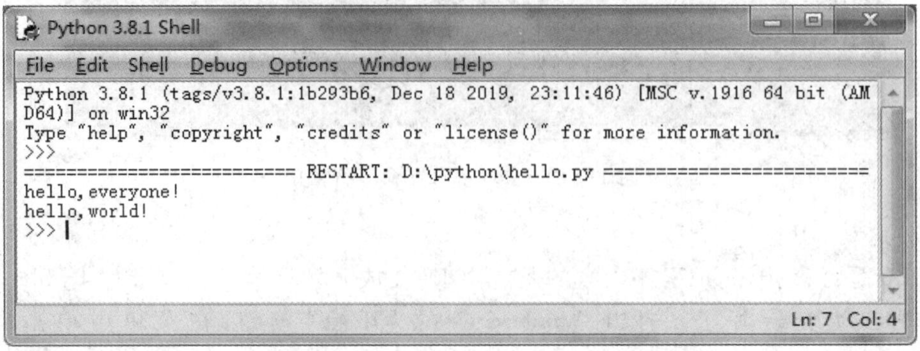

图 1-8 运行程序结果

1.2.2 PyCharm

PyCharm 是由 JetBrains 公司开发的一款专业的 Python 集成开发环境,功能包括智能代码补全、直观的项目导航、错误检查和修复、遵循规范的代码质量检查、智能重构以及远程开发、数据库支持、对 web 开发框架的支持等一些高级功能,带有图形化的调试器和运行器。PyCharm 安装程序包可在 PyCharm 官网(https://www.jetbrains.com/pycharm)下载,一个是免费的社区版本,另一个是面向企业开发者的更先进的专业版本。下载完成后,双击安装包安装后即可使用。

1.2.3 Anaconda

Anaconda 是一个十分强大的 Python 开发环境,用于进行大规模数据处理、预测分析和科学计算,致力于简化模块的管理和部署,如果提供了包管理与环境管理的功能,还可以很方便地解决多版本 Python 并存、切换以及各种第三方包安装问题。

1.2.3.1 下载安装 Anaconda

Anaconda 安装程序包可在 anaconda 官网(https://www.anaconda.com)下载,安装它后就默认安装了 Python、IPython、Spyder 与众多的包和模块。其中,Spyder 是专门面向科学计算的 Python IDE 开发工具,且是开源的。它提供了代码自动补全、代码检查、语法高亮、类和函数浏览器及对象检查等功能。

1.2.3.2 Spyder 编辑器环境的配置

(1)启动编辑器 Spyder。打开 Windows 7 的“开始”按钮,在菜单中单击“Spyder”,进入 Spyder 窗口界面。

(2)设置缺省工作目录。在窗口菜单中选择 “Tool” →“Preferences”菜单,在左边列表中单击“Run”项,在右边列表中单选“the following directory:”设置缺省工作目录,然后单击“apply”,如图 1-9 所示。

(3)其他偏好设置。如单击“Syntax coloring” 可设置语法字体、颜色标记等。设置这些程序后单击“ok”保存。

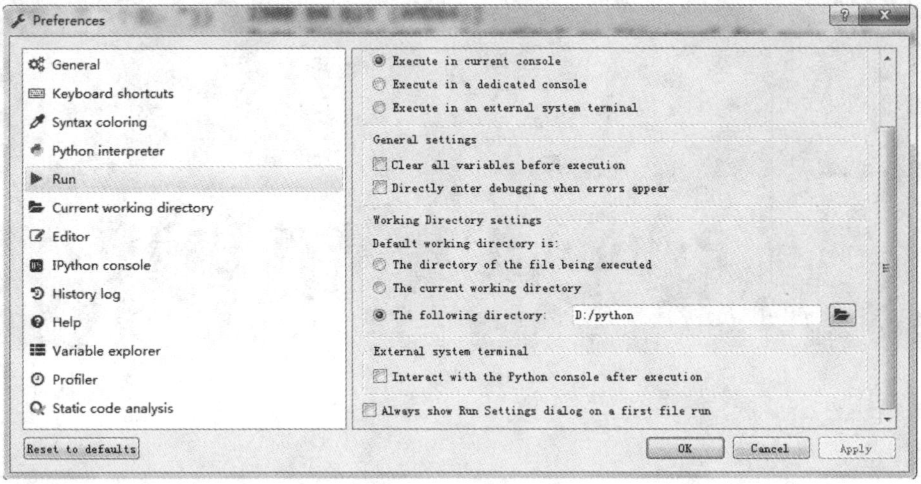

图 1-9 设置工作路径

实训与习题 1

实训

练习使用 Python IDLE 。

实训要点:

(1)下载安装 Python;

(2)启动 Python. exe,在交互模式下写入"my python"输出语句,并运行;

(3)启动 Python IDLE,新建一个名为"mypython"的 . py 文件,写入"my python"输出语句;

(4)分别在 Python 命令窗口和 IDLE 中运行 mypython. py 程序。

习题

1.简述 Python 语言的主要特点。

2.简述下载和安装 Python 的主要步骤。

3.下载安装 Anaconda,练习使用 spyder。

2 Python 编程基础知识

Python 的语法非常简练,因此用 Python 编写的程序可读性强、容易理解。本章将向读者介绍 Python 的基本语法及基本数据类型。

■本章学习要点

(1) Python 程序代码的基本编写规则;
(2) Python 的基本数据类型;
(3) 常量和变量;
(4) 基本数据类型的转换;
(5) 常用操作运算符和表达式;
(6) 输入和输出语句。

2.1 Python 程序的基本概念

2.1.1 初识 Python 程序

Python 程序一般由多条语句组成,简单的程序只有一条语句。例如,用 Spyder 编写一个由代码 print("hello everyone!")构成的简单程序,保存为 Python 文件 hello1.py,并运行程序,方法如下:

(1)启动 Spyder。成功安装 Anaconda 后,在 Windows 7 的"开始"菜单栏启动 Spyder。

(2)新建一个项目。在编辑主窗口的菜单栏上,选择"Project" →"New Project"菜单项,在对话框中输入新建项目名称(如 demo),自定义项目文件存储路径(如 D:\python\demo),单击"Create"按钮进入编辑器。

(3)新建.py 文件。选择"File" → "New File"新建一个文件,在编辑区编辑程序代码:print(“hello everyone!”)。

(4)在窗口菜单上选择“File” → “Save ”,设置保存路径后,保存文件名为“hello1. py”,如图 2-1 所示。

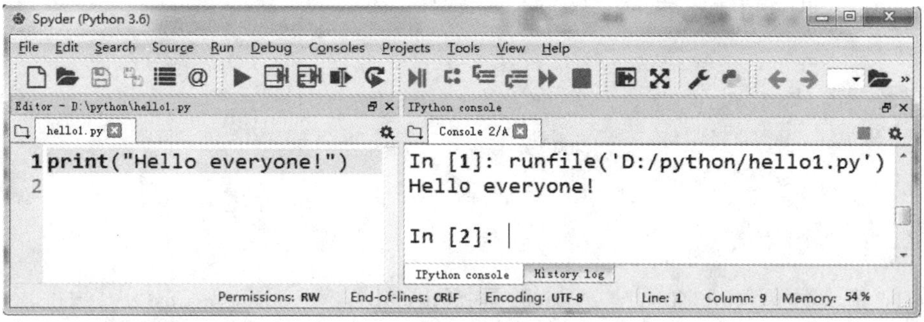

图 2-1 一个简单的 Python 程序

(5)选择“Run” → “run”运行程序代码 print(“Hello everyone!”),结果是输出“Hello everyone!”

2.1.2 注释语句

注释是程序中用于程序员对代码的说明,有助于对程序的阅读和理解。当程序运行时,解释器不执行注释语句。

2.1.2.1 单行注释

单行注释内容通常以#开头。例如:

```
>>> print("hello world")                #这是输出 hello world 的语句
hello world
```

2.1.2.2 多行注释

多行注释语句使用 3 个单引号在多行或整段注释内容前后表示注释,或者使用 3 个双引号产生同样的注释效果。例如:

```
>>> '''
这是一个输出 hello world 的程序,
该语句由 print()函数和字符串 hello world 组成。
'''
```

2.1.3 编码规则

编码规则是编写 Python 程序代码时需要遵守的。

2.1.3.1 缩进

Python 语言采用严格的“缩进”来表示代码之间的逻辑层次和隶属关系,一个缩进的空格数没有硬性要求,一般是每一行代码开始前空出 4 个空格。除注释语句外,程序从第一行语句开始,代码不能有缩进,当表达分支、循环、函数等程序含义时,如 if、while、for、def 等保留字所在的完整语句以冒号“:”结尾,其后的语句缩进,以表明后续代码与紧邻无缩进语句的所属关系，且同一个级别代码块的缩进空格数必须一样，否则将会出错。例如，求输入两个数中的最大数和最小数，程序代码如下：

```
a = int( input( " 请输入第 1 个数" ) )
b = int( input( " 请输入第 2 个数" ) )
if a > b :
   max = a
   min = b
else :
   max = b
   min = a
print( " 最大数是:%d" %a, "    最小数是:%d" %b)
```

在程序中，if 语句和 else 语句是同一级代码，两行语句的首个代码必须对齐。语句块 1 是 if 语句的下一级代码，每行代码必须缩进相同的空格数，以表示 if 语句和语句块 1 两级代码之间的条件关系。语句块 2 是 else 语句的下一级代码，每行代码必须缩进相同的空格数，以表示 else 语句和语句块 2 两级代码之间的条件关系。逻辑关系如图 2-2 所示。

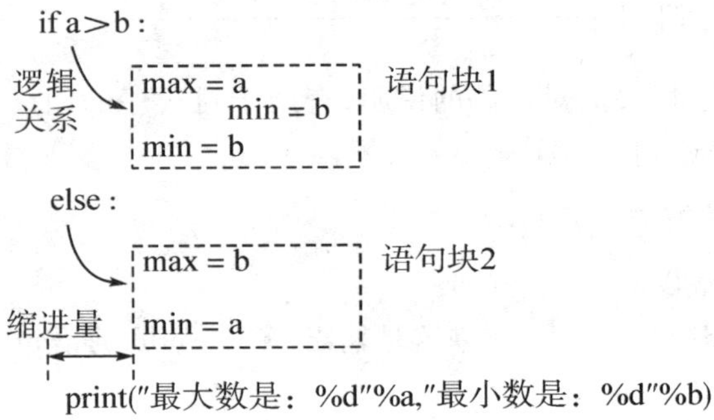

图 2-2　代码缩进关系

2.1.3.2　代码行

每行代码应遵循以下规则：

(1)一般来说，一条语句占用一行。多条语句需要写在一行时，可用分号“;”隔开；Python 中的标点符号都是在英文状态下输入的。

(2)每行代码尽量不超过 80 个字符，较长的语句可以使用“\”分成几行来写，或者用小括号“( )”括起来分行写。

(3)语句行之间在需要时可以有空行。

例如，在编辑器中，以下代码是合法的：

```
>>> x = 1;y ='hello world '           #两条语句之间用分号;隔开
>>> a = 1 + 2 +3 + 4 + 5 + 6 + 7 + 8 + 9 + 10
>>> a = 1 + 2 +3 + 4 + 5 +\            #用反斜杠\分行写代码
  6 + 7 + 8 + 9 + 10
>>> a = (1 + 2 +3 +                    #圆括号内可分行写
  4 + 5 + 6 + 7 +
  8 + 9 + 10)
```

2.1.4 调试 Python 代码

程序一次写完并能正确运行的概率非常小,一般会有各种各样的 Bug 需要修正。有的 Bug 很简单,查看错误信息就知道如何解决;有的 Bug 很复杂,需要判断出错时哪些变量的值是正确的、哪些变量的值是错误的。因此,程序开发人员需要通过一整套调试程序的手段来修复 Bug。

程序调试是指将写好的程序投入实际运行前,用手工或编译程序等方法进行测试,进而修正语法错误和逻辑错误的过程。这是保证计算机信息系统正确性的必不可少的步骤。每种 IDE 都带有调试功能,如 Python IDLE 自带 DEBUG。

2.2 Python的基本数据类型

Python 中的最基本的数据类型有数字、字符串和布尔型,在后面的章节中将介绍列表、元组、字典等复杂的数据类型。

2.2.1 数值类型

Python 中的数值类型数据支持算术运算符、内置函数及相应标准模块的数学运算函数。主要有以下三种类型:

2.2.1.1 整型常量

整数类型是表示整数的数据类型。整数也称为常量,是指不可变的数据对象。整型常量主要有十进制、二进制、八进制和十六进制的整数。Python 的整数位数只受限制于计算机内存,可以为任意长度位数。

十进制的整数与数学中的整数概念一致,例如,2、199、-16、0,等等。在 Python 中提供了专门的函数生成各种类型的数据,如用标准函数库中的随机函数可以随机生成整数常量。

例 2-1 用关键字 import 导入随机函数模块 random,使用 random 函数模块中的随机生成整数的函数 randint(a,b),随机生成一个 a 到 b 之间的整数。在 Python IDLE 中输入代码及运行结果如下所示:

```
>>> import random                #导入标准库中的随机模块 random
>>> random.randint(1,100)     # randint(a,b)在 1 到 100 之间随机生成一个整数
52
>>> random.randint(50,800)     # randint(a,b)在 50 到 800 之间随机生成一个整数
171
>>> random.randint(-100,100)     # randint(a,b)在-100 到 100 之间随机生成一个整数
-13
```

在 Python 中,二进制数要加前缀 0b 或 0B 表示,例如,ob101;八进制数加前缀 0o 或 0O 表示,例如,0o7;十六进制数加 0x 或 0X 前缀表示,例如,0x10F。

2.2.1.2 浮点类型

浮点类型是表示实数的数据类型,浮点数与数学中实数的概念一致,带有小数的数值是浮点数。浮点数有两种表示方法:

十进制形式的一般表示,例如,0.0、2.69、38.14、-7.01,等等。

科学计数法表示,例如,8.5e-3、9.1E4,等等。

Python 可用函数库 random 模块中的随机函数 random ( )或 uniform(a,b)随机生成浮点数。

例 2-2 用随机函数库 random 模块的随机函数 random( ),随机生成一个 0 到 1 之间的浮点数。代码及运行结果如下所示:

```
>>> import random                #导入标准库中的随机模块 random
>>> random. random ( )          # random( )在 0 到 1 之间随机生成一个浮点数
0. 31778990096712156
>>> random. random ( )
0. 26850534098646317
```

例 2-3 用随机函数库 random 模块的随机函数 random( ),随机生成一个 a 到 b 之间的浮点数。代码及运行结果如下所示:

```
>>> import random               #导入标准函数库中的随机函数模块 random
>>> random.random( ) * 10       #在 1 到 10 之间随机生成一个浮点数
5. 719785938056164
>>> random.random( ) * 100      #在 10 到 100 之间随机生成一个浮点数
41. 75763195054329
```

2.2.1.3 复数类型

Python 直接支持复数类型,复数的虚数部分通过后缀"j"或"J"来表示。复数类型表示为:a + bj。例如,26.7+5j、6j 等。

2.2.2 布尔类型

布尔类型有 True 和 False 两个值,分别表示真和假,True 相当于整数 1,False 相当于整数 0。True 和 False 的第一个字母必须大写。

2.2.3 字符型常量

2.2.3.1 字符常量

使用单引号或双引号括起来的字符是字符常量。例如,大小写字母'A'、'a',汉字'李',数字字符'2'等。

2.2.3.2 字符串

字符串在 Python 中是一种序列数据结构类型。字符串是指以一对单引号或双引号或三引号括起来的任意多个字符,例如,'ab'"123""姓名"。

单行字符串可以由一对单引号或双引号作为边界来表示,单引号和双引号作用相同。例如:单行字符串' abc '、" abc "。

多行字符串可以由一对三单引号(''')或三双引号(""")作为边界来表示,两者的作用相同。例如，在编辑器中，以下代码表示的是字符串：

```
'abc'
"1234"
'姓名'
'''三单引号可括多行字符串
这是'多行字符串'的第二行
这是"多行字符串"的第三行'''
"""三双引号可括多行字符串
这是'多行字符串'的第二行
这是"多行字符串"的第三行"""
```

2.2.3.3 字符转义

用双引号标识一个包含单引号的字符串时不需要转义符，但是如果对单引号其中包含一个单引号，则需要转义。如' What ' s this '，Python 将不能辨识这段字符串从何处开始，又在何处结束。此时，需要用到转义符。反斜杠"\"字符是一个特殊字符，在字符串中表示转义，即该字符与后面相邻的一个字符共同组成了新的含义。例如，\n 表示换行、\\表示反斜杠、\'表示单引号、\"表示双引号等。

此外，在 Python 中还可以通过给字符串加上一个前缀 r 或者 R 来指定原始字符串。例如：

```
>>> print('What\'s this')          # 转义单引号
What's this
>>> print('D:\\python38\\mypy')              # 用反斜杠转义输出反斜杠
D:\python38\mypy
>>> print(r'D:\python38')          # 用 r(或者 R)指定原始字符串
D:\python38
```

2.2.3.4 字符 Unicode 编码

(1)Unicode 编码与 UTF-8 编码

在 Python3 中，默认对字符串采用的是 16 位 Unicode 编码的 str 类型来表示，任一字符用两字节表示。GBK 是 ASCII 的扩展集，英文占一个字节，汉字则占两个字节。ASCII 编码是 Unicocie 编码的子集，ASCII 编码是 1 个字节，Unicode 编码通常是 2 个字节。UTF-8 编码是 Unicode 编码的一种"可变长编码"。在计算机内存中，统一使用 Unicode 编码，当需要保存到硬盘或者需要传输的时候，就转换为 UTF-8 编码，即通过编辑器编写的 Python 代码默认保存为 UTF-8 编码脚本文件。1 个中文字符经过 UTF-8 编码后通常会占用 3 个字节，1 个英文字符只占用 1 个字节。如果编辑器不支持 UTF-8 编码的文件，就会造成程序执行错误，这时就要对 Python 脚本文件进行编码声明。比如，GBK 脚本文件在没有编码声明时执行就会出错，经编码声明后，脚本文件就可以正常执行。通常，在文件的首行或者第二行插入一行特殊的注释行，编码声明格式可以是"# -*- coding: utf-8 -*-"，或者"#coding=utf-8"。

(2)字符与 ASCII 编码之间的转换

可以直接用内置函数 ord()和 chr()进行字符与 ASCII 编码之间的转换。

例 2-4 用函数 ord( )将字符转换为对应的 ASCII 编码,用函数 chr( )将 ASCII 编码数值转换为对应的字符。函数运行结果如下:

```
>>> ord('a')        #用 ord('a')转换为 ASCII 编码返回小写字母 a 对应 ASCII 编码值
97
>>> ord('A')        #用 ord('A')转换为 ASCII 编码返回大写字母 A 对应 ASCII 编码值
65
>>> chr(97)         #用 chr(97)转换为字符返回 ASCII 编码 97 对应的小写字母
'a'
>>> chr(65)         #用 chr(65)转换为字符返回 ASCII 编码 65 对应的大写字母
'A'
```

2.2.4 基本数据类型转换

Python 提供了一些常用的函数,这些函数不需要导入就可以直接使用,被称为内置函数。通过以下几个内置函数可以实现不同类型数据之间的转换,如表 2-1 所示。

表 2-1 常用基本数据类型转换函数

转换函数	描述	实例
int(x)	将 x 转换成整数类型	>>>int(12.5) #浮点数 12.5 转换为整数 12
float(x)	将 x 转换成浮点数类型	>>> float('12') #字符串'12'转换为浮点数 12.0
str(x)	将 x 转换为字符串类型	>>> str(12) #整数 12 转换为字符串'12'

2.2.5 数据类型查看

用 Python 内置函数 type 可查看数据的类型、type(数据对象)函数返回数据对象的类型。例如:

```
>>> type(5)                 #返回 5 是整数类型
<class 'int'>
>>> type(12.5)              #返回 12.5 是浮点类型
<class 'float'>
>>> type('abc')             #返回"abc"是字符串类型
<class 'str'>
>>> type(True)              #返回 True 是布尔类型
<class 'bool'>
```

2.3 变量

计算机程序处理的数据必须放入内存,变量是有名字的存储单元。包含赋值运算符"="的语句称为"赋值语句",当使用赋值运算符"="对变量赋值时就创建一个变量,变量和数据被存储在不同的内存空间中。定义一个变量的赋值语句格式为:

变量 = 表达式

当变量赋值时，变量的指针指向数据内存空间的地址，标识数据存储单元，把数据对象和变量关联起来。也就是说，把等号右侧的表达式计算后，将数据结果赋值给左侧变量，实际是变量引用了内存中存储的这个数据。变量命名及赋值如图 2-3 所示。

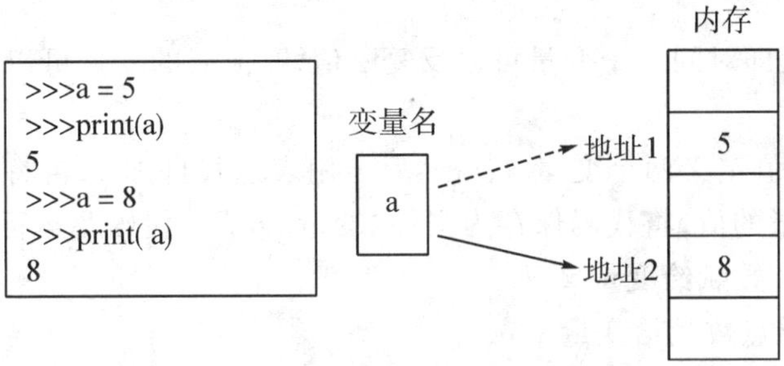

图 2-3 变量命名及赋值示意图

2.3.1 变量的命名

变量的命名要遵循以下规则：

（1）变量名以英文字母开始，后面可以跟若干个英文字母或数字或下划线；

（2）变量名区分大小写，如变量 A 与变量 a 不同；

（3）变量名不宜太长，一般是见名知意；

（4）避免使用 Python 的保留字，如 if、True 等。

例如，变量名可以是 c、x1、ab、my_Name 等，但 2x、234、a b、for 等用作变量名是不合法的。

2.3.2 变量赋值

变量赋值时，只需要用赋值运算符“=”就可以实现。变量要赋值后才能使用，变量本身是没有类型的，同一个变量可以存储任何数据。

（1）单一赋值，即一个对象值赋给一个变量，例如：

```
>>> x = 10
>>> y = -5.62
>>> z ='abc'
>>> print(x,y,z)
10 -5.62 abc
```

（2）链式赋值，即把一个值同时赋给多个变量。链式赋值的格式如下：

变量 1=变量 2 = 表达式

例如：

```
>>> x =  y = z = 10
>>> print(x,y,z)
10 10 10
```

（3）同步赋值，即用同步赋值语句，同步将多个值赋给对应的多个变量。同步赋值的格式如下：

变量 1,…,变量 n = 表达式 1,…,表达式 n

例如:

```
>>> a,b,c = 3,-5,0.6
>>> print(a,b,c)
3 -5 0.6
```

(4)反复赋值,即对同一个变量可以反复赋值,赋值后的变量可以作为数据对象再赋给变量。

例 2-5　赋初值定义两个变量 x、y,然后 x 用表达式自加 1,再将 x 和 y 的值互换赋换,输出每一次变量的值,将代码保存为文件“变量 . py”。代码及运行结果如下:


```
x = 2          #整数赋给变量 x
y = 5.25       #浮点数赋给变量 y
x = x+1        #把变量 x 的值 2 加 1 后再赋给变量 x 自己
print(x,y)     #输出变量 x 和 y 的值
x,y = y,x      #同步赋值,变量 x 和 y 的值互换
print(x,y)     #x 的值是浮点数 5.14,y 的值是整数 3

runfile('D:/ python/变量 . py')
3 5.25
5.25 3
```

2.4　Python 表达式

在 Python 程序中,表达式由运算对象和运算符构成。操作数、运算符和圆括号按一定规则组成表达式。表达式通过运算后产生运算结果,运算结果的类型由操作数和运算符共同决定。表达式中的括号必须成对出现,而且只能使用圆括号,圆括号可以嵌套使用。

运算符用于在表达式中对一个或多个操作数进行计算并返回结果值。如果一个表达式中包含多个运算符,计算顺序则取决于运算符的结合顺序和优先级。

2.4.1　数值运算

数值运算符主要用于数值对象的计算。常用数值运算符如表 2-2 所示。

表 2-2　运算符

运算符	表达式	描述	表达式的值
+	x+y	两对象相加	14.0
-	x-y	两对象相减	6.0
*	x * y	两对象相乘	40.0
/	x/y	x 除以 y	2.5

表2-2(续)

运算符	表达式	描述	表达式的值
//	x//y	整除,商的整数部分	2.0
%	x%y	取模,x 除以 y 后的余数	2.0
**	x ** y	幂运算,x 的 y 次幂	10 000.0

2.4.2 关系运算

关系运算符一般用于数值的比较,也可用于字符的比较,当比较结果正确时返回 True,否则返回 False。常用关系运算符如表 2-3 所示。

表 2-3 关系运算符

运算符	表达式	描述	表达式的值
==	x==y	x 等于 y	False
>	x>y	x 大于 y	True
>=	x>=y	x 大于或等于 y	True
<	x<y	x 小于 y	False
<=	x<=y	x 小于或等于 y	False
! =	x! =y	x 不等于 y	True

字符的比较是用字符的 Unicode 码进行的,小写字母的 Unicode 值比大写字母的 Unicode 值大。在字符比较中有以下规律:

空格<"0"<"1"<…<"9"<"A"<…<"Z"<"a"<…<"z"<汉字

例如:"ab">"AB""12">"1""abc">"ab""ab"<"小"的比较结果都为 True。

2.4.3 逻辑运算

2.4.3.1 逻辑运算符

逻辑运算符主要用于对象逻辑值的运算。逻辑运算符如表 2-4 所示。

表 2-4 逻辑运算符

运算符	表达式	描述	结果
and	x and y	只有布尔"与"两个都为 True,结果才为 True,否则为假	当 x 为 Ture 时,才计算 y,返回 y 值
or	x or y	只有布尔"或"两个都为 False,结果才为 False,否则为 True	当 x 为 False 时,才计算 y,返回 y 值
not	not x	布尔"非",对 x 的 Ture 或 False 取反	当 x 为 True 时,结果为 False;当 x 为 False 时,结果为 True

2.4.3.2 逻辑运算表达式

逻辑运算常常与其他运算相组合,形成逻辑运算表达式。例如:a+b > c and a+c > b and b+c > a 表示当 a+b > c、a+c > b、b+c > a 三个表达式都为真,结果才为 True,只要有一个表达式为 False,结果就为 False。

2.4.4 运算符的优先级

当表达式包含多个运算符时,运算符的优先级控制各运算符的计算顺序。逻辑运算符如表 2-5 所示。

表 2-5 逻辑运算符

运算符说明	Python 运算符	优先级
小括号	( )	高
乘方	**	∨
乘除	*、/、%、//	|
加减	+、-	|
比较运算符	<、<=、>、>=、==、!=	|
赋值运算符	=	|
逻辑非	not	|
逻辑与	and	∨
逻辑或	or	低

例如:表达式计算顺序由运算符的优先级决定。

```
>>>a = 1;b = 5;c = 10
>>> print(not a>c/b)                #①算 c/b;②算 a 是否大于 c 除以 b 的值③算 not
True
>>> print(a<c-b and b<c or a>b)     #①算 c-b;②算 a 是否小于 c 与 b 之差;③算 b<c
True
```

2.5 输入与输出

2.5.1 输入

在程序运行中,Python 内置的 input( )函数可以通过键盘向电脑提供指令或数据的输入,实现程序与用户之间的交互。input 函数的格式为:

input(“提示性文字”)

input 函数提示用户输入,并返回用户从控制台输入的内容(字符串)。当 input( )运行时,键入数据后需要按下回车键,无论用户输入的是字符还是数字,input 返回的值都是字符串类型。例如:

```
>>>input()          #运行时无提示等待键入,键入数值 12.56 后按下回车键,返回字符串
12.56
'12.56'
>>> input()    #运行时无提示等待键入,键入数值 3+2 后按下回车键,返回字符串“3+2”
  '3+2'
>>> input(“输入考试分数:”)     #运行出现提示时,键入“99.9 分”并按下回车键
输入考试分数:99.9 分
  '99.9 分'
>>>x = input(“年龄:”)          #运行时, 键入 18 按下回车键,字符串“18”赋给了变量 x
年龄:18
>>>x                                   #显示变量 x 的值
  '18'
```

2.5.2 输出

2.5.2.1 print()函数输出

print()函数的基本格式为:print(对象 1,对象 N,end='\n')

(1)输出多个对象时,需要用“,”分隔。

(2)end 用来设定结尾。默认是换行符“\n”,可以换成空格“ ”、制表符“\t”等其他字符串。

例 2-6 输出两门课程考试成绩,保存文件为 print.py。代码及运行结果如下:

```
a ='python'
b = 86
c ='大学语文'
d = 92
print(a,b)                      #在同一行输出对象 a、b 的值后换行
print(c,d)                      #在第二行输出对象 c、d 的值后换行
print()                         #在第三行输出空行后换行
print(a,b,end ="\t*")           #在第四行输出 a、b、制表键的空格和 * 后不换行
print(c,d)                      #在第四行输出 c 和 d 后换行

runfile('D:/ python/print.py')
python 86
大学语文 92

python 86        *大学语文 92
```

2.5.2.2 ptint()格式化输出

语法格式为：print("格式字符"%输出对象)

常用的格式字符，如%d 代表十进制整数、%f 代表浮点数、%s 代表字符串。

(1)用"%wd"输出一个占 w 位长度的十进制整数，w>0 则右对齐，w<0 则左对齐；

(2)用"%w.pf"输出一个占 w 位长度的 p 位小数的浮点数，w>0 则右对齐，w<0 则左对齐；

(3)用"%w s"输出一个占 w 位长度的字符串，w>0 则右对齐，w<0 则左对齐。

例 2-7 格式化输出三个数据，保存文件为 printf. py。代码及运行结果如下：

```
1  a='python';b=86;c=79.5
2  print("%7s"%a)        # 输出 a 值为字符串，占 7 个字符位置，右对齐
3  print("%7d"%b)        # 输出 b 值为十进制数，占 7 个字符位置，右对齐
4  print("%7.2f"%c)      # 输出 c 值为浮点数，占 7 个字符位置，精确到两位小数，右对齐
5  print("%-7s"%a,"%4d"%b,"%7.2f"%c)
```

```
runfile('D:/python/printf.py')
python
     86
  79.50
python    86   79.50
```

当执行第 5 行代码时，在同一行输出 a、b、c，a 为字符串，占 7 个字符位置，左对齐；b 值为十进制数，占 4 个字符位置，右对齐；c 值为浮点数，占 7 个字符位置且精确到两位小数，右对齐。

2.6 内置函数 type、id、eval

2.6.1 type()

语法格式为：type(object)

通过内置的 type()函数，可以判断一个对象 object 的类型，返回对象的类型。

2.6.2 id()

语法格式为：id(object)

通过内置的 id()函数，可以获取一个对象 object 唯一的 id 标识(对象的内存地址)。

2.6.3 eval()

语法格式为：eval(expression)

函数用来执行一个字符串表达式，并返回表达式的值。其中，参数 expression 为表达式。

实训与习题 2

实训 1

编写代码表达式计算两个数的和、差、积、商的总和,并输出计算结果。

训练要点:

定义两个变量,输入两个数值字符给变量,写出计算它们的和、差、积、商的总和表达式,并输出结果。

实训 2

输入和输出个人姓名、年龄、住址等信息。

训练要点:

使用 input 函数输入三个字符串,分别提示“请输入您的姓名”“请输入您的年龄”“请输入您的住址”,定义三个不同的变量并将输入的值赋给变量;接着格式化输出“我是×××”,“我今年××岁”,“我住在×××”。输入的年龄用函数转换为整数或浮点数。

习题

1.输入矩形的长与宽,计算矩形面积。

2.如 a = 1、b = 2、c = 3、d = 0,写出下列的逻辑值:

(1)a > b and b > c or a + b < c

(2)a - b < c or b > c and not c

(3)not d or b > c + a or a

(4)d and b and c > d and a * b > c

(5)not (a > b and c > d)

(6)a * b > c or b + c > d and not d

(7)c + d <= b + d and d < c or 2 * b > c

(8)d < b or c > a + b + d and b < c + a

3.有一个数 x 在区间[-5, 0]内,写出其条件表达式。

4.写出下面表达式的值(设 a = 1,b = 2, c = 3, x = 4, y = 3):

(1)a + b > c and b == c

(2)not a〈 b and b not = c or x + y <= 3

(3)a + (b >= x + y) and c - a and y - x

(4)not (x = a) and (y = b) and 0

(5)not (a + b) + c - 1 and b + c / 2

(6)a or 1 +'a' and b and 'c'

3 程序控制结构语句

Python 支持结构化程序设计，按照模块化和层次化的方法来设计程序，要求每一个模块应该由顺序结构、分支结构和循环结构三种流程结构的语句组成，以提高程序编写的效率和质量。本书在算法表述上采用程序流程图来描述程序的基本操作和控制流程。

■本章学习要点

(1) 单分支 if 语句；
(2) 多分支 if 选择结构；
(3) while 语句；
(4) for 语句；
(5) break 语句；
(6) 理解异常处理。

3.1 顺序结构

顺序结构是指程序按照线性顺序，即各语句出现位置的先后次序执行的一种运行方式，如图 3-1 所示。其中，语句块既可以是单行语句，也可以是多行语句。

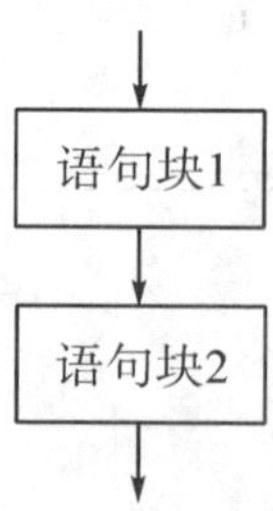

图 3-1　顺序结构流程图

例 3-1　根据圆半径计算圆面积和周长,结果保留 3 位小数。

其中,圆周率使用 3.141 59。代码按行号顺序运行结果如下:

```
r = input("输入圆半径:")
r = float(r)
P = 3.14159
s = P*r**2
l = 2*P*r
print("圆面积:%.3f"%s)
print("圆周长:%.3f"%l)
```

```
runfile('D:/ python/printf.py')
输入圆半径:0.5
圆面积:0.785
圆周长:3.142    79.50
python     86    79.50
```

3.2　分支结构

分支结构是指程序根据条件判断结果而选择不同向前执行路径的一种运行方式,分支结构也叫选择结构。Python 使用 if 语句来实现分支结构。

分支结构包括单分支、双分支和多分支等形式,使用 if 和 else 保留字对条件表达式进行判断,条件表达式可以是关系表达式、逻辑表达式、算术表达式等,条件表达式后面必须有冒号“:”。

3.2.1　单分支结构

单分支结构语法格式为:

```
If   条件表达式:
语句块
```

其中:

(1)条件表达式应该是关系表达式或逻辑表达式;

(2)冒号后的语句必须缩进;

(3)语句块缩进表示与 if 的包含关系,多行语句的缩进必须对齐一致。

if 语句的执行过程:当执行到 if 语句时,首先计算条件表达式的值。如果条件表达式的值为真时,执行 if 语句包含的语句,否则跳过缩进的语句块,去执行 if 结构语句后的其他语句。执行过程如图 3-2 所示。

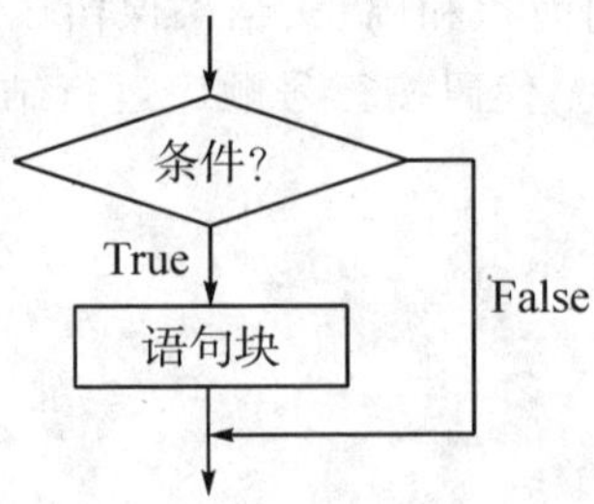

图 3-2　单分支结构流程图

例 3-2　输入一个数,不使用函数输出它的绝对值。

代码及运行结果如下:

```
#不使用函数输出一个数的绝对值
a = float(input("输入一个数:"))
if a < 0:
    a = -a
print("绝对值是",a)
-------------------------------
runfile('D:/ python/asb.py')
输入一个数:-5
绝对值是 5.0
runfile('D:/ python/asb.py')
输入一个数:8
绝对值是 8.0
```

流程图如图 3-3 所示。

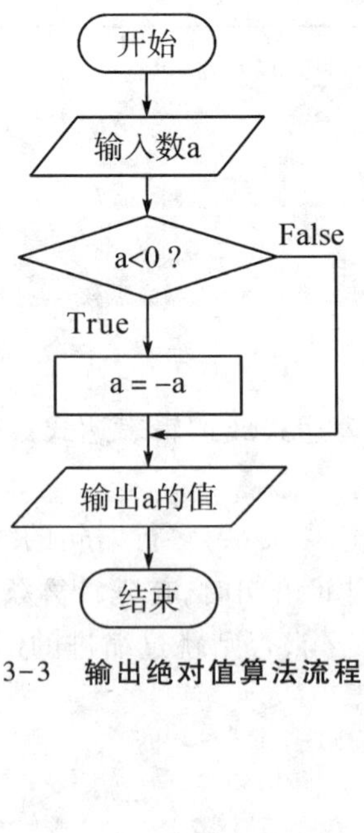

图 3-3　输出绝对值算法流程图

3.2.2 双分支结构

Python 的双分支结构使用保留字 if 和 else 对条件进行判断。if-else 语法格式为：

```
If  条件表达式:
    语句块 1
else:
     语句块 2
```

其中：

(1)else 后的冒号不能少；

(2)由于语句块 1 与语句块 2 的隶属关系不同，两个语句块的代码的缩进量可以不同，但为了美观还是保持缩进量一致；

if-else 语句的执行过程：当执行 if-else 时，首先计算条件表达式的值。如果条件表达式的值为真，则执行 if 后的语句块 1，而不执行语句块 2；如果条件表达式的值为假，则执行 else 后的语句块 2，然后执行 if-else 语句后面的语句，而不执行语句块 1。执行过程如图 3-4 所示。

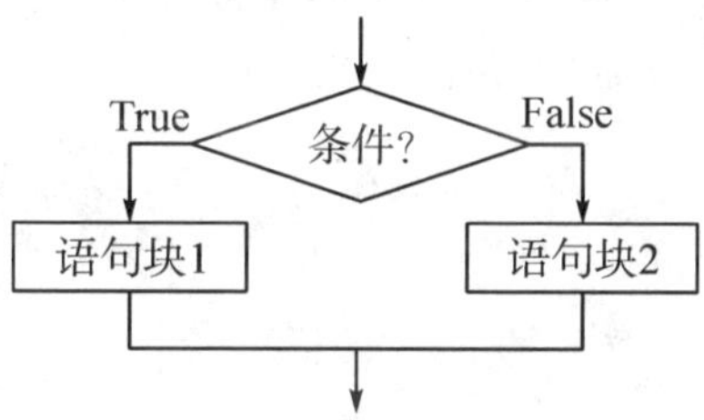

图 3-4 双分支结构流程图

例 3-3 输入两个数，输出较大的一个。程序及运行结果如下：

```
a = float(input("a ="))          #输入一个数并转换为浮点数赋给变量 a
b = float(input("b ="))          #输入第二个数并转换为浮点数赋给变量 b
if a > b:                        #判断 a 的值是否大于 b 的值
    max = a                      #条件满足时执行的分支语句
else:                            #不满足条件时执行的分支
    max = b                      #不满足条件时执行的分支语句
print("两数中的最大者是:",max)
```

例 3-4 输入 4 位整数作为年份，判断其是否为闰年。(如果年份能被 400 整除，则为闰年；如果年份能被 4 整除但不能被 100 整除也为闰年)代码及运行结果如下：

```
y = int(input("输入 4 位整数年份:"))
if y % 400 == 0 or (y % 4 == 0 and y % 100 != 0):
    print(y,"年是闰年")          #分支 1 语句
else:                            #分支 2
    print(y,"年不是闰年")        #分支 2 语句
```

runfile(' D:/ python/asb. py ')
输入 4 位整数年份:2028
2028 年是闰年

程序的执行过程:

(1)执行第 1 行,计算机等待用户输入 4 个整数字符,由 int 函数置换为整数。

(2)执行第 2 行,判断 y 除以 400 后的余数是否为 0,2028 除以 400 后的余数不为 0,继续判断 or 的右侧表达是否为真;由于 y % 4 == 0 为真(2020 能被 4 整除),同时 y % 100 ! = 0 为真(2020 除以 100 的余数不等于 0),于是 or 的右侧条件为真,所以整个条件为真。

(3)执行第 3 行即分支 1 的语句,输出 2028 年是闰年,结束程序。

(4)第 4、5 行代码即分支 2 的语句不会被执行。

3.2.3 多分支结构

简单的 if 语句只能处理一种情况,if-elif 语句可以处理两种选择情况。但实际上很多问题更复杂,有多种条件选择,多分支结构通常用于判断同一个条件或一类条件的多个执行路径。多分支结构 if-elif-else 条件语句的格式为:

```
if 条件表达式 1:
    语句块 1
elif 条件表达式 2:
    语句块 2
    ……
elif 条件表达式 n:
    语句块 n
else:
    语句块 n+l
```

if-elif 语句的执行过程:

(1)当条件表达式 1 的值为真时,便执行指定的语句块 1,执行完后接着执行 If 后下一条语句。

(2)如条件表达式 1 为假,则判断条件表达式 2 是否为真。当条件表达式 2 为真时,执行指定的语句块 2,执行完后接着执行 If 后下一条语句。

(3)如条件表达式 2 为假,则继续判断条件表达式 3……判断最后一个条件表达式 n,如为真则执行指定的语句块 n,执行完后接着执行 If 后下一条语句。

(4)如条件表达式 n 还是为假,则最后只有执行 else 的语句块 n+1,执行完后接着执行 If 后下一条语句。多分支结构流程图如图 3-5 所示。

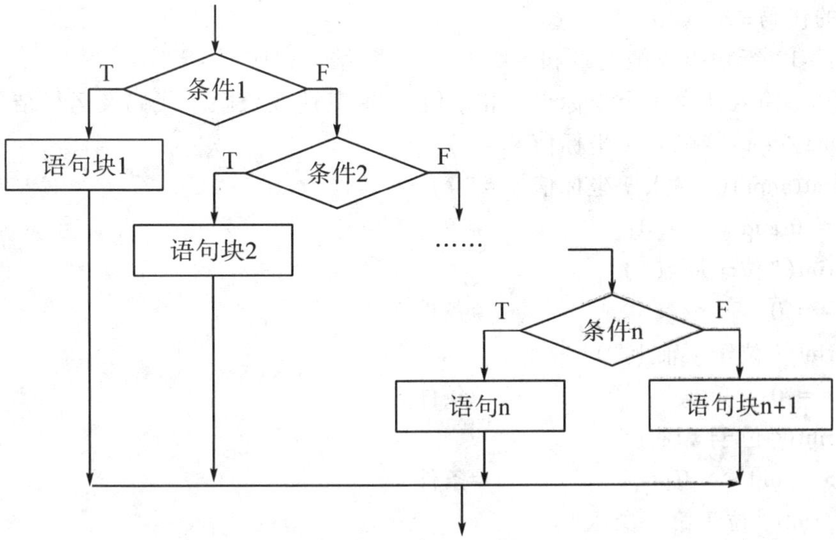

图 3-5　多分支结构流程图

例 3-5　获取用户输入的一个百分制成绩,转换成五级制(优秀、良好、中等、及格、不及格)的评定等级。代码如下:

```
1  s = float(input("请输出一个百分制成绩:"))
2  if s >= 90.0:                  #条件表达式 1
3      g = "优秀"                 #分支 1 语句
4  elif s >= 80.0:                #条件表达式 2
5      g = "良好"                 #分支 2 语句
6  elif s >= 70.0:                #条件表达式 3
7      g = "中等"                 #分支 3 语句
8  elif s >= 60.0:                #条件表达式 4
9      g = "及格"                 #分支 4 语句
10 else:
11     g = "不及格"               #分支 5 语句
12 print(s,"对应的五级制成绩是:",g)
```

运行结果如下:

```
runfile('D:/ python/多分支 . py ')
请输出一个百分制成绩:75
75.0 对应的五级制成绩: 中等
```

代码执行过程:

执行第 1 行后,等待用户输入,输入 75 后按下回车键;

执行第 2 行判断条件 1 是否为真,由于条件 1 为假,跳过分支 1 的语句块第 2 行代码;

执行第 4 行判断条件 2 是否为真,由于条件 2 为假,跳过分支 2 的语句块第 5 行代码;

执行第 6 行判断条件 3 是否为真,此时条件 2 为真,执行分支 3 的语句块第 7 行代码,把字符串“中等”赋给变量 g,不再判断其他条件,跳过第 8、9、10、11 行代码执行整个

if 语句后的代码;

执行第 12 行输出成绩变量和等级变量的值,结束程序。

例 3-6　输入任意一个坐标点 x 和 y 值,判断其所在象限。代码及运行结果如下:

```
x = float(input("输入 x 坐标值 x ="))
y = float(input("输入 y 坐标值 y ="))
if x == 0 and y == 0:            #条件 1
    print("位于原点")
elif x == 0:                     #条件 2
    print("位于 y 轴上")
elif y == 0:                     #条件 3
    print("位于 x 轴上")
elif x > 0 and y > 0:            #条件 4
    print("位于第一象限")
elif x < 0 and y > 0:            #条件 5
    print("位于第二象限")
elif x < 0 and y < 0:            #条件 6
    print("位于第三象限")
else:
    print("位于第四象限")
```

```
runfile('D:/python/坐标.py')
x =-12.5
y = 30.6
位于第二象限
```

3.2.4　if 语句的嵌套

if 语句的嵌套是在 if 语句块中包含有新的 if 语句。而 if-else 语句实际上是一种 if 语句嵌套,可在 if-else 语句中嵌入一个或多个 if 或 if-else 语句。if 语句的嵌套没有固定的形式,完全按照实际需要进行嵌套,可以在 if-else 语句中嵌入语句块 1 或语句块 2。

例 3-7　用 if 嵌套语句,计算分段函数:

$$y=\begin{cases}1 & x>0\\0 & x=0\\-1 & x<0\end{cases}$$

有多种方法计算此分段函数,现写三种。

方法一:

```
x = float(input("x ="))
if x >= 0:                    # if 外层条件 x>= 0
    if x > 0:                 # if 内层条件 x > 0
        y = 1                 # 内层语句
    else:
```

```
        y = 0                      # 内层语句
else:
    y = -1                         # 外层语句
print('y =',y)
```

方法二:

```
x = float(input("x ="))
if x != 0:                         # if 外层条件 x != 0
    if x > 0:                      # if 内层条件 x > 0
        y = 1                      # 内层语句
    else:
        y = -1                     # 内层语句
else:
    y = 0                          # 外层语句
print('y =',y)
```

方法三:

```
x = float(input("x ="))
if x > 0:                          # if 外层条件 x > 0
    y = 1                          # 外层语句
else:
    if x == 0:                     # if 内层条件 x == 0
        y = 0                      # 内层语句
    else:
        y = -1                     # 内层语句
print('y =',y)
```

例 3-8　用 if 嵌套语句,输入 4 位整数作为年份,判断其是否为闰年。(如果年份能被 400 整除,则为闰年;如果年份能被 4 整除但不能被 100 整除也为闰年)

方法一:

```
year = int(input("输入 4 位整数年份:"))
if (year % 4) == 0:                #第 1 层嵌套条件
    if (year % 100) == 0:          #第 2 层嵌套条件
        if (year % 400) == 0:      #第 3 层嵌套条件
            print("是闰年")    #能被 4 整除,又能被 100 整除,还能被 400 整除,是闰年
        else:
            print("不是闰年")#能被 4 整除又能被 100 整除,但不能被 400 整除,不是闰年
    else:
        print("是闰年")            #能被 4 整除,但不能被 100 整除,为闰年
else:
    print("不是闰年")              #不能被 4 整除,不是闰年
```

```
runfile('D:/ python/if 嵌套 1. py')
输入 4 位整数年份:2038
不是闰年
```

方法二:

```
y = int(input("输入 4 位整数年份:"))
if(y%400 == 0):                    #第 1 层嵌套条件
    print("是闰年")                 #能被 400 整除,是闰年
else:
    if(y%4 == 0):                  #第 2 层嵌套条件
        if(y%100 != 0):            #第 3 层嵌套条件
            print("是闰年")  #不能被 400 整除,能被 4 整除,但不能被 100 整除是闰年
        else:
            print("不是闰年") #不能被 400 整除,能被 4 整除,又能被 100 整除不是闰年
    else:
        print("不是闰年")       #不能被 400 整除,也不能被 4 整除,不是闰年
```

```
runfile('D:/ python/if 嵌套 2. py')
输入 4 位整数年份:2050
不是闰年
```

3.3 循环结构

有些问题需要采用同一种方法进行重复处理。如果用程序来解决这样的问题,就要用到循环结构。循环结构是指程序根据条件判断结果,重复执行一条或多条语句的一种运行方式。根据循环体触发条件的不同,可以分为条件循环和遍历循环两种结构。

3.3.1 While 循环语句

无限循环使用保留字 While 根据判断条件执行程序。

```
While 条件表达式:
    循环体语句
```

其中,条件表达式冒号后面的循环体语句必须缩进。

While 语句的执行过程:当程序执行到 While 语句时,计算条件表达式如果为 True,执行循环体语句,语句结束后返回再次判断 While 语句的条件表达式;当条件表达式为 False 时,循环终止,执行与 While 同级别缩进的后续语句。While 循环结构流程如图 3-6 所示。

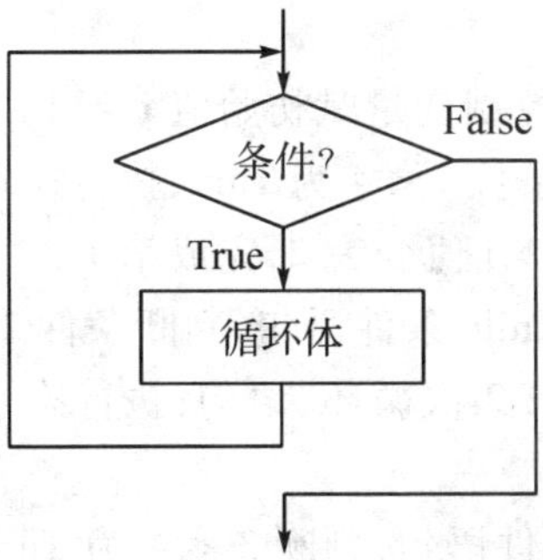

图 3-6　While 循环结构流程图

例如,用 While 语句实现三次循环。While 循环语句有四个要素:一是设置循环控制变量 i 的初始值 1;二是设置循环条件为 i<4;三是循环体有两行语句;四是每循环一次用加法赋值语句 i=i+1 对控制变量的值自加 1,通常 i=i+1 可用赋值运算符号写为 i += 1,是变量 i 的迭代。循环 3 次流程图如图 3-7 所示。

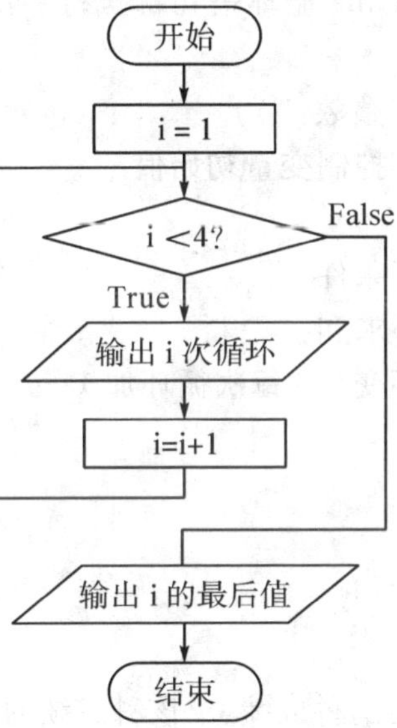

图 3-7　循环 3 次流程图

代码及运行结果如下:

```
i=1
while i<4:
      print("第",i,"次循环")    #循环体语句 1
      i = i + 1                 #循环体语句 2
print("最后的 i =",i)
```

```
runfile('D:/ python/while. py')
第 1 次循环
第 2 次循环
第 3 次循环
最后的 i = 4
```

代码执行过程：

第 1 步，执行第 1 行，循环控制变量赋初始值 i = 1。

第 2 步，执行第 2 行，判断条件 1 < 4 为 Ture，执行循环体语句 1，输出“第 1 次循环”；之后执行第 2 行的循环体语句 2，i 值变为 2，完成第 1 次循环。

第 3 步，返回执行第 2 行 While 条件语句，判断条件 2 < 4 为 Ture，重复执行第 2 行循环体语句 1，执行第 3 行输出“第 2 次循环”语句；执行第 4 行的循环体语句 2，i 值变为 3，完成第 2 次循环。

第 4 步，返回执行 While 条件语句，判断 3 < 4 为 Ture，重复执行循环体语句 1，输出“第 3 次循环”；之后重复执行循环体语句 2，i 值变为 4，完成第 3 次循环。

第 5 步，返回执行 While 条件语句，判断 4 < 4 为 False，循环结束，执行与 While 同级别缩进的第 5 行语句（循环体后面的语句），输出“最后的 i = 4 ”。

例 3-9　计算 s = 1 + 2 + 3 +…+ n 的和，其中 n 为任意正整数且由键盘输入。

问题分析：从计算式中的变化可以看出，由于 n 是任意的，不知道有多少项相加，但从 1 变到 n 是逐项加 1，可用 While 循环语句每执行一次做一次加法。代码及运行结果如下：

```
n = int(input("输入一个正整数:"))
i = 1                   #循环控制变量初始值
s = 0
while i <= n:           #循环条件
    s = s + i           #循环求和
    i = i + 1           #循环变量 i 每次循环加 1
print("s =",s)

runfile('D:/ python/n. py')
输入一个正整数:100
s = 5050
```

例 3-10　输入 n 名学生的单科成绩，求该科成绩的平均值。

问题分析：首先，用 input 输入确定人数；其次，每输入一个学生成绩，需要累加成绩、累计人数，有 n 个学生要进行 n 次成绩输入、成绩累加和人数累计，所以用 n 次循环来重复成绩输入、成绩累加和人数累计语句；最后，在循环结束后计算出平均值。代码及运行结果如下：

```
n = int(input("输入学生人数:"))
i = 1                  #循环控制变量 i 赋初值
sum = 0                #变量 sum 赋初值
while i <= n:
    mark = float(input("输入学生成绩:"))    #每循环一次输入一个成绩
    sum = sum + mark                        #成绩循环累加
    i += 1                                  # i 记录循环次数和人数
average = sum/n        #计算平均值
print("学生平均成绩为%.1f" %average)
```

runfile('D:/ python/平均成绩 . py')
输入学生人数:4
输入学生成绩:80
输入学生成绩:90
输入学生成绩:75
输入学生成绩:60
学生平均成绩:76. 2

3. 3. 2　for 循环语句

for 循环的主要作用是遍历,for 循环结构常被称为遍历结构。遍历是指沿着一组数据元素的位置路线,依次对数据对象中的每个数据元素均做一次且仅做一次访问。遍历循环使用保留字 for 依次提取遍历结构的各元素进行处理循环。可以理解为从遍历数据结构中逐一提取元素,放在循环变量中,即将提取的数据元素赋给循环变量,然后对每个所提取的元素执行一次循环语句块。for 语句的语法格式如下:

for 循环变量 in 数据对象:

**　　循环体语句块**

其中:数据对象可以是字符串、range( )函数产生的数值、列表、列表、元组、字典、文件或组合数据类型等数据对象。

for 循环的执行过程:执行 for 语句时,循环中依次访问数据序列中的每一元素。

当访问到新的数据元素,条件为 Ture,自动把该数据元素值赋给循环变量,完成循环变量的一次迭代,执行循环体语句;当没有访问到新的数据元素,条件为 False,则结束循环,去执行与 for 循环后面同级别缩进的其他语句行。for 循环结构流程图如图 3-8 所示。

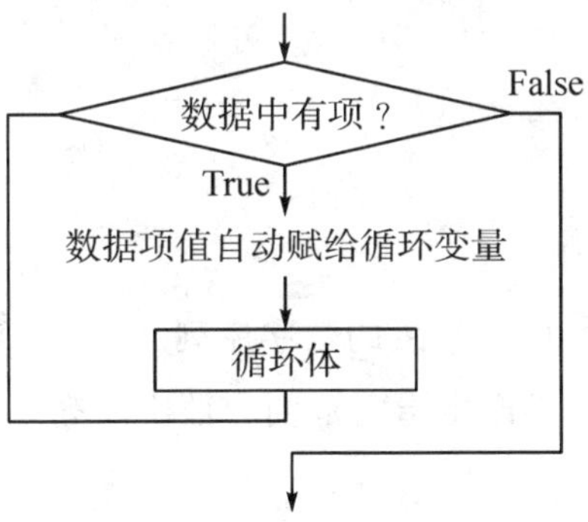

图 3-8　for 循环结构流程图

3. 3. 2. 1　遍历字符串

例 3-11　用 for 循环遍历字符串"pthhon",输出遍历到的字符。代码及运行结果如下:

```
for i in "python":    #i 为循环变量,"python"是要遍历的数据对象
    print('当前遍历了字母:',i)    #访问到元素则执行一次该循环体语句
print('循环已结束')
```

```
runfile('D:/ python/for. py')
当前遍历了字母：p
当前遍历了字母：y
当前遍历了字母：t
当前遍历了字母：h
当前遍历了字母：o
当前遍历了字母：n
循环已结束
```


代码执行过程：

执行第 1 行 for 语句，按先后顺序访问到的第一个数据元素“p”，条件为 Ture，自动将元素“P”赋给循环变量 i；

执行第 2 行循环体语句输出 i 的值“p”；

执行第 1 行 for 语句，依次访问“y”“t”“h”“o”“n”，每次将访问到的值自动赋给循环变量，并执行第 2 行循环体语句，依次访问 6 次，共循环 6 次；

当第 7 次执行第 1 行 for 语句，在“n”之后没有访问到字符元素，条件为 False，结束循环去执行与 for 同级别缩进的第 3 行语句，输出“结束 for 循环”。

例 3-12　用 for 循环遍历一组数据：10、-6、2.5，输出遍历到的数值。代码及运行结果如下：

```
for x in 10,-6,2.5: # x 为循环变量,10,2.5,-6 是要遍历的对象,数据之间用逗号分开
    print('当前遍历到的元素:',x)    #访问到元素则执行一次该循环体语句
print('循环已结束')
```

```
runfile('D:/ python/for. py')
当前遍历到的元素：10
当前遍历到的元素：-6
当前遍历到的元素：2.5
循环已结束
```

3.3.2.2　遍历函数 range( ) 产生的数字序列

Python 内置函数 range( ) 可产生指定范围的数字序列。其格式为：

range(start, stop, step)

其中：

start：计数从 start 开始。默认从 0 开始。例如，range(3) 等价于 range(0,3)。

stop：计数到 stop 结束，但不包括 stop。例如，当 stop 为 5 时，range(0,5) 返回的数值序列是 0、1、2、3、4，没有 5。

step：步长，默认为 1。例如，range(0,5) 等价于 range(0,5,1)，range(2,8,2) 返回的数值序列是 2、4、6。

range 返回的数值系列从 start 开始，到 stop 结束（不包含 stop）。如果指定了可选的步长 step，则序列按步长增长。

例 3-13　由函数 range()产生指定范围的数字序列，用 for 循环遍历数字序列。代码如下：

```
for i in range(4):                    #遍历从 0 开始到 3 的整数序列
    print(i)                          #输出遍历时每次访问的序列元素值
print('……')
for i in range(2,5):                  #遍历从 2 到 4 的整数序列
    print(i)                          #输出遍历时每次访问的序列元素值
print('……')
for i in range(1,7,2):                #遍历从 1 到 5 的奇数序列
    print(i)                          #输出遍历时每次访问的序列元素值
print('……')
for i in range(5,2,-1):               #遍历从 5 到 3 的整数序列
print(i)                              #输出遍历时每次访问的序列元素值
```

运行结果如下：

```
runfile('D:/ python/range.py')
0
1
2
3
……
2
3
4
……
1
3
5
……
5
4
3
```

3.3.3　循环的嵌套

一个循环的循环语句可以是一个复合语句，在复合语句中又包含另一个循环，这样就形成循环的嵌套，即一个外层的循环套一个内层的循环，内层循环所有语句是外层循环体的一部分，整个内循环语句和外循环其他语句构成了外循环体。外循环运行一次，内循环可能运行多次。循环嵌套流程图如图 3-9 所示。

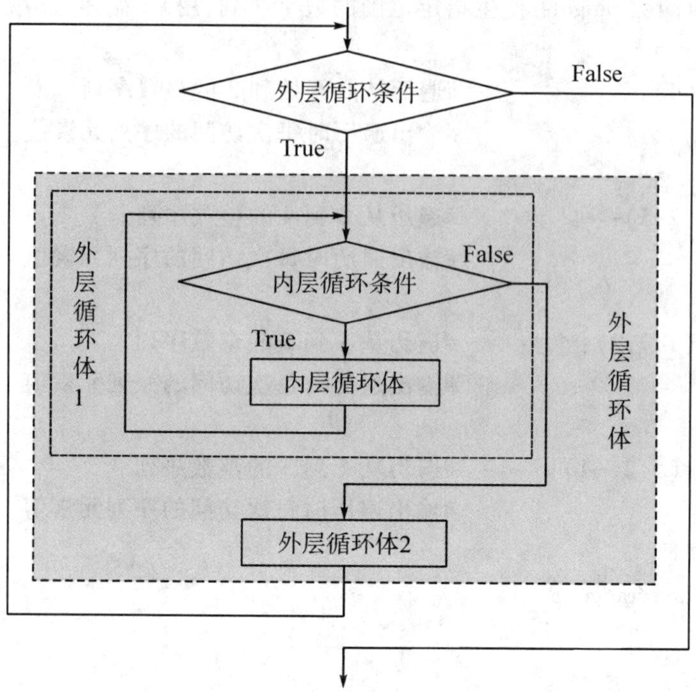

图 3-9　循环嵌套流程图

3.3.3.1　while 循环嵌套

while 循环可以嵌套一层或几层 while 循环。

例 3-14　输出 99 乘法表。

问题分析:设置外循环控制输出每一行的算式,循环变量 i 从 1 到 9;内循环控制每行的列算式,当每次判断外循环条件为真,该行有几个算式内循环就需要循环几次,并输出几个算式,然后换行,外循环变量增加 1,直到循环输出 9 行算式。即当外循环每次条件为真,内循环的循环变量 j 的初始值都从 1 开始,执行输出语句输出一个乘法算式,执行 j=j+1 后,执行第 j 次内循环,在同一行输出第 j 个乘法算式,直到 j=i 时,共完成 i 次内循环后,内循环条件为假时结束内循环。然后,执行外循环的换行语句和 i=i+1 语句后才完成一次外循环。接着,又开始下次外循环和内循环,反复循环直到外循环 i=10,完成全部乘法表输出,外循环判断条件为假时结束程序运行。

代码及运行结果如下:

```
i = 1
while i <= 9:                #外循环控制行
    j = 1
    while j <= i:            #内循环控制列
        print("%d * %d=%2d "%(i,j,i * j),end="")
        j += 1
    print()                  # 换行
    i += 1
```

```
runfile('D:/ python/while2. py')
1 * 1= 1
2 * 1= 2 2 * 2= 4
3 * 1= 3 3 * 2= 6 3 * 3= 9
4 * 1= 4 4 * 2= 8 4 * 3=12 4 * 4=16
5 * 1= 5 5 * 2=10 5 * 3=15 5 * 4=20 5 * 5=25
6 * 1= 6 6 * 2=12 6 * 3=18 6 * 4=24 6 * 5=30 6 * 6=36
7 * 1= 7 7 * 2=14 7 * 3=21 7 * 4=28 7 * 5=35 7 * 6=42 7 * 7=49
8 * 1= 8 8 * 2=16 8 * 3=24 8 * 4=32 8 * 5=40 8 * 6=48 8 * 7=56 8 * 8=64
9 * 1= 9 9 * 2=18 9 * 3=27 9 * 4=36 9 * 5=45 9 * 6=54 9 * 7=63 9 * 8=72 9 * 9=81
```

代码执行过程：

(1)执行第1、2行，外层循环控制变量 i=1，条件为真，进入外层循环体；

(2)执行第3、4行，i=1，j=1，内层循环条件为真，进入内循环体；

(3)执行第5行，格式化输出 1 * 1=1；

(4)执行第6行，内循环变量加1，j=2；

(5)执行第4行，再次判断内层循环条件为假，完成第1次内循环；

(6)执行外循环体语句第7行换行；

(7)执行外循环体语句第8行，外循环变量加1，i=2；

(8)再次执行第2行，再次判断外层循环条件为真，进入外循环体开始第2次外循环；

(9)再次执行第3行，内循环变量重新赋值为1；

(10)再次执行第4行，再次判断内层循环条件，(j=1)<9 条件为真，进入内层循环体；

(11)重复执行第5行内循环体语句，此时 i=2，j=1，格式化输出第2行第1列 j * i 的算式 2 * 1=2；

(12)重复执行第6行内循环体语句，内循环变量加1，j =2；

(13)执行第4行，再次判断内层循环条件为假，结束该次内循环，继续执行内循环体后的第7、8行外循环体语句，i=2；

(14)重复第2行判断外层循环条件为真，开始第2次外循环，执行第3、4、5行，j=2，输出第2行第2列算式 2 * 2=4；

(15)执行第6行，j=3，执行第4行内层循环条件为假，完成第2次外循环中的第2次内循环；

(16)执行第7、8行和第2行，开始 i=3 的第3次外循环；

(17)执行第4行开始第3次外循环，完成 i=3 时，j=1、j=2、j=3 的三次内循环。

如此往复循环，直到外层循环条件为假时结束程序。

3.3.3.2 for 循环嵌套

for 循环可以嵌套一层或几层 for 循环。

例 3-15 用符号“ * ”输出三行五列方阵图形。

问题分析：利用 Range 函数提供整数给循环变量，当外循环 for 语句的循环变量 x 从 0 到 2 共循环 3 次，外循环依次每访问到一个值，内循环遍历到变量 y 的值从 0 到 4，内循环 5 次，执行内循环体输出语句 5 次，输出一行星号后换行，直到内外循环遍历结束。程序代码及运行结果如下：

```
for x in range(3):              #for 外层循变量 x 决定 * 的行数,
    for y in range(5):              #for 内层循环变量 y 控制每行 * 的个数(列数)
        print(" * ",end = "")       #内循环每循环一次在同一行输出一个 *
print()                         #换行
```

```
runfile('D:/ python/for2. py')
*****
*****
*****
```


3.3.3.3 While 循环与 for 循环的嵌套

外层 While 循环嵌套一层或几层的 for 内循环,也可以外层 for 循环嵌套一层或几层 While 内循环。

例 3-16 用 While 循环嵌套 for 内循环,输出内、外循环变量的值。

```
1  i = 1
2  while i<=3:   #外循环共 3 次
3      for j in range(5)
4          print('i=',i,'j=',j,end='  ')  #外循环一次,执行内循环体 4 次
5      print()    #for 循环完成遍历时执行该语句换行
6      i += 1
```

```
runfile('D:/ python/for2. py')
i= 1 j= 0   i= 1 j= 1   i= 1 j= 2   i= 1 j= 3   i= 1 j= 4
i= 2 j= 0   i= 2 j= 1   i= 2 j= 2   i= 2 j= 3   i= 2 j= 4
i= 3 j= 0   i= 3 j= 1   i= 3 j= 2   i= 3 j= 3   i= 3 j= 4
```

程序执行的流程:

第 1 步,初始 i = 0,循环条件 i <= 3 成立,进入 While 外循环执行其外层循环体;

第 2 步,从 j = 0 开始,由于 j < 5 成立,因此进入 for 内循环执行内层循环体,直到 j = 5 不满足循环条件,结束 for 循环体,继续执行 While 外循环的循环体第 5、6 行语句;

第 3 步,执行 i = i + 1 语句,如果 i <= 3 依旧成立,则从第 2 步继续,直到 i < 4 不成立,则此循环嵌套结构才执行完毕。

在此程序中,外层循环将循环 3 次(从 i=1 到 i=3),而每次执行外层循环时,内层循环都从 j = 0 循环执行到 j = 4 循环 5 次。因此,该嵌套循环结构共执行 3 * 5 = 15 次。

例 3-17 用 for 循环嵌套 While 内循环,输出 99 乘法表。代码如下:

```
for j in range(1,10):                 #for 外循环控制行输出
    i = 1
    while i <= j:                     #while 内循环控制列输出
        print("%d * %d=%2d "%(i,j,i * j),end="")
        i += 1
print()
```

运行结果如下：

```
runfile('D:/ python/fw99. py')
1*1= 1
1*2= 2 2*2= 4
1*3= 3 2*3= 6 3*3= 9
1*4= 4 2*4= 8 3*4=12 4*4=16
1*5= 5 2*5=10 3*5=15 4*5=20 5*5=25
1*6= 6 2*6=12 3*6=18 4*6=24 5*6=30 6*6=36
1*7= 7 2*7=14 3*7=21 4*7=28 5*7=35 6*7=42 7*7=49
1*8= 8 2*8=16 3*8=24 4*8=32 5*8=40 6*8=48 7*8=56 8*8=64
1*9= 9 2*9=18 3*9=27 4*9=36 5*9=45 6*9=54 7*9=63 8*9=72 9*9=81
```

3.3.4 break 语句

在正常情况下，循环执行完毕后，条件为 False 时结束循环。在有些情况下需要循环中途退出，即提前结束循环。

3.3.4.1 无限循环

循环条件的值永远为 True，循环将会执行无限次，这种循环被称为无限循环，也叫死循环。如下面代码中的 While 循环是一个无限循环，运行程序后总是提示“请输入姓名:”，等待输入而不可能输出姓名。

```
while True:                          #循环条件永远为真
    name = input("请输入姓名:")
    print(name)                      #该行代码永远不会被执行
```

可以通过改变条件值为 False 来结束循环。例如：

```
1  a = True
2  while a:
3      name = input("请输入姓名(输入 quit 退出):")
4      if name == "quit":          #设置跳出循环的条件
5          a = False               #改变循环变量的值
6  print("再见")
```

程序在执行第 3 行代码时，如果用户输入 quit，执行第 4 行判断 if 条件为真，执行第 5 行赋值语句，执行第 2 行判断 While 条件为假，程序结束循环执行第 6 行代码。

3.3.4.2 break 语句

可使用 break 语句跳出所在的 for 循环层，中止当前所在层的循环，接着执行循环体外的后续语句。

break 语句的语法格式：

break 语句是循环中断语句，作用是使它所在的循环完全结束，不管后面还有多少次循环，都不再执行。

(1) 使用 break 语句中途退出 while 循环

例如，在下面的 while 循环中，当条件 i = 2 时执行第 5 行 break 中止循环，循环体的第 6 行 i = i + 1 语句不再执行，即退出循环后 i = 2。跳出循环后，继续执行第 7 行输出语句。

```
1  i = 1
2  while i < 5:
3      print ("第",i,"次循环")
4      if i % 2 == 0:
5          break              #执行该语句后结束 while 循环，跳出去执行第 7 行代码
6      i += 1
7  print("退出循环后 i = ",i)
```

在 while 多层嵌套循环中，break 仅中止并跳出所在的循环层。

例 3-18　在 while 双层嵌套循环、用"＊"输出直三角形的程序中，在内循环体中增加 break 语句，结果跳出内循环仅输出一列"＊"。代码如下：

```
1  i = 1
2  while i <= 4:
3      j=1
4      while j <= i:
5          print('＊',end='')
6          break                  # 结束 while 内循环
7          j += 1
8      print('')
9      i += 1
10 print('程序结束')

runfile('D:/ python/ breakww. py')
＊
＊
＊
＊
程序结束
```

在程序运行中，当执行第 7 行语句后，即使第 4 行的条件为真，也将结束内循环，第 7 行代码不会被执行。跳出内循环继续执行第 8、9 行和第 2 行，当外层循环条件为真时，则执行第 3 行继续开始循环。

例如：在例 3-18 代码的外循环体中增加 break 语句后程序如下，当执行第 10 行 break 语句后，即使第 2 行的条件为真，也将结束外循环，继续执行外循环体后的第 11 行输出语句。代码及运行结果如下：

```
1  i = 1
2  while i <= 4:
3      j=1
4      while j <= i:
```

```
            print('*',end='')
            break                 # 结束 while 内循环
            j += 1
        print('')
    i += 1
    break                     # 结束 while 外循环
print('程序结束')
```

```
runfile('D:/ python/ breakww. py')
*
程序结束
```

（2）使用 break 语句中途退出 for 循环

可使用 break 语句中途退出 for 循环，接着执行循环体外的后继语句。在多层 for 嵌套循环中，break 仅中止并跳出所在的 for 循环层。

例 3-19　输入 6 位数密码，如果正确退出循环，否则最多可输入 3 次并提示错误。

```
1 p = "123456"
2 for i in range(3):
3     a = input("请输入你的密码:")
4     if a == p:
5         print ("欢迎进入!")
6         break
7     else:
8         print("错误！最多可输入三次，请重输入密码")
```

在代码中，for 循环设置 3 次循环，执行第 3 行代码后，如果用户输入 123456，执行第 4 行判断 if 条件为真，继续执行第 5、6 行，执行 break 语句中止循环，即使 for 条件为真，如果没有完成对所有元素的遍历，也会中止遍历及循环。

例 3-20　使用 break 语句跳出双层 for 循环。代码及运行结果如下：

```
for i in range(5):
    for j in range(3):
        print(i, j)
        if j == 1:          #内层循环中的 if 语句
            break           #退出内循环
        print("跳出内循环")
    if i == 1:              #外层循环中的 if 语句
        break               #退出内循环
print("跳出外循环")
```

```
runfile('D:/ python/ breakff. py')
0 0
```

```
0 1
跳出内循环
1 0
1 1
跳出内循环
跳出外循环
```

运行过程：

执行第 1 行代码，遍历 i=0 后，进入外循环体；

执行第 2 行代码，遍历 j=0 后，进入内循环体；

执行第 3 行输出语句；

执行第 4 行判断条件为假，跳过第 5 行，完成第一次内循环；

重复执行第 2 行代码，遍历 j=1 后，开始第 2 次内循环体语句；

重复第 3 行输出语句；

执行第 4 行判断条件为真，进入 if 语句块；

执行第 5 行 break 中止内循环，继续内循环后的外循环体语句；

执行第 6 行输出语句；

执行第 7 行判断条件为假，跳过第 8 行，完成第一次外循环；

重复执行第 1 行代码，遍历 i=1 后，进行第 2 次外循环；

重复执行第 2、3、4、2、3、4、5 行代码，开始第 2 轮遍历循环，直到遍历 j=1 后，跳出内循环体；

执行第 7、8 行条件为真时，由 break 语句退出外循环；

执行外循环体之后的第 9 行输出语句结束程序。

3.3.5 continue 语句

continue 语句也用于结束循环。但与 break 语句不同的是，它只提前结束循环的一次，循环后面的若干次循环继续执行。执行 continue 语句时结束本次循环，跳过当前本次循环的剩余语句，然后继续进行下一轮循环。例如：

```
1  i = 0
2  list = [1,2,3,4,5]
3  while i < 3:
4      print(i)
5      for j in list:
6          print("for 循环,第%d 次"%j)
7          if j < 2:
8              print("if 循环,第%d 次"%j)
9          elif j == 4:
10             break      # 跳出 for 循环进入 while 循环,可见 break 跳出了两层循环
11         else:
12             continue # 跳到第 6 行 for 循环
13     i += 1
```

3.4 异常处理

3.4.1 异常

在代码执行过程中，Python 解释器检测到的错误被称为异常。在程序中出现的错误可以分为下列几种类型：

(1)语法错误

在编译过程中出现的各种语法错误，是代码不符合解释器或编译器的语法。出现语法错误，编辑器会提示错误，运行时解释器会直接抛出异常。可根据提示信息或输出的异常信息修改程序代码。例如，执行代码 if 1 >2，抛出的异常信息为：

"SyntaxError：invalid syntax"

(2)运行时错误

在运行时发生错误，Python 解释器也会抛出异常。例如，语句 2 +'abc'在编写时编辑器不会提示错误，但在运行时会抛出异常信息：

"TypeError：unsupported operand type(s) for +：'int' and 'str'"

(3)逻辑错误

逻辑错误在语法上可能是正确的，程序运行本身不报错，但结果不正确。例如，循环语句的结束条件不正确，运行时使得循环提前或延后结束，甚至成为死循环等。对逻辑错误，Python 解释器无能为力，需要编程者根据结果来调试判断。很多逻辑错误很难发现，从而导致程序出现缺陷。

3.4.2 异常处理

在 Python 中，当检测到错误时，解释器会指出当前流无法继续执行下去，于是就出现了异常。当异常出现的时候，如果不对该异常进行处理，那么 Python 解释器就会中止当前程序的运行，因此，需要对异常进行处理，以达到即使异常出现了，也不会中止程序的执行。程序执行中的运行异常造成的错误有很多种可能，不能逐一列出可能性进行判断。为了保证程序运行的稳定性，这类运行错误应该被程序捕获并合理控制。

3.4.2.1 try…except…else 语句

Python 语言使用保留字 try 和 except 进行异常处理。其基本的语法格式如下：

```
try:
    正常执行的语句块
except 异常类型名:
    发生异常时执行的语句块
else:
    没有发生异常时执行的语句块
```

try…except…else 的工作原理是：

(1)当开始一个 try 语句后，Python 就在当前程序的上下文中做标记，这样当异常出现时就可以回到这里，try 子句(在关键字 try 和 except 之间的语句)先执行，接下来会发生什么依赖于执行时是否出现异常。

(2)如果当 try 后的语句执行时发生异常,那么 try 子句余下的部分将会被忽略,跳回到 try。此时,如果异常类型和 except 之后定义的异常类型相同,则执行第一个匹配该异常的 except 子句(在关键字 except 下的语句),异常处理完毕,控制流就通过整个 try 语句(除非在处理异常时又引发新的异常);如果在 try 子句执行时没有发生异常,Python 将执行 else 语句后的语句;如果没有 else,则控制流通过整个 try 语句。

(3)一个 try 语句可以通过多个 except 子句来分别处理不同的特定异常,但是最多只有一个匹配该异常的 except 分支会被执行。Python 提供了几十个标准异常名称,用于处理在不同情况下发生的异常。当不清楚异常需要使用哪个标准异常名称时,既可以直接使用 Exception 异常名称,也可以不带异常名称。

例 3-21　设置一个无限循环,每次输入两个数求商。用 except 带指定的一个或多个异常类型名,捕获指定的一个或多个异常。程序代码如下:

```
1   while True:
2       try:
3           a = int(input('输入被除数:'))
4           b = int(input('输入除数:'))
5           c = a/b
6       except (ValueError):              #定义 ValueError 异常子句
7           print("程序发生数字格式异常")
8       except (ArithmeticError):         #定义 ArithmeticError 异常子句
9           print("程序发生算术异常")
10      else:                             #没有以上异常时执行的语句
11          print('未见异常,程序继续运行')
```

运行结果如下:

```
runfile('D:/python/tryelse.py')
输入被除数:a
程序发生数字格式异常
输入被除数:4
输入除数:0
程序发生算术异常
输入被除数:2
输入除数:6
未见异常,程序继续运行
输入被除数:
```

当执行第 3 行时,输入的被除数“a”出现异常,停止执行第 4、5 行,经过 except 捕捉符合第 6 行的“ValueError”异常,并由第 7 行代码输出异常提示信息,程序执行第 1 行继续循环语句。

当执行第 4 行输入的除数“0”,执行第 5 行代码计算时出现异常,经过 except 捕捉符合第 8 行的“ArithmeticError”异常,并由第 9 行代码输出异常提示信息,程序执行第 1 行继续循环语句。

3.4.2.2 try…except…finally 语句

处理异常还可以用 try…except…finally 语句。其基本格式为：

```
try:
    正常执行的语句块
except 异常类型名:
    发生异常时执行的语句块
finally:
    必须执行的语句块
```

与 try…except…else 语句的不同之处是：无论有没有异常，finally 后的语句块都必须执行。

例 3-22　在例 3-21 中使用 finally 的代码如下：

```
while True:
    try:
        a = int(input('输入被除数:'))
        b = int(input('输入除数:'))
        c = a/b
    except (ValueError):                #定义 ValueError 异常子句
        print("程序发生数字格式异常")
    except (ArithmeticError):           #定义 ArithmeticError 异常子句
        print("程序发生算术异常")
    finally:                            #必须执行的语句
        print('无论有没有异常,都执行此语句')
```

代码运行结果如下：

```
runfile('D:/python/tryelse.py')
输入被除数:b
程序发生数字格式异常
无论有没有异常,都执行此语句
输入被除数:8
输入除数:4
无论有没有异常,都执行此语句
输入被除数:
```

3.4.3 抛出异常

当程序中出现错误时，Python 会自动引发异常，也可以通过 raise 语句引发异常，发送异常通知。一旦执行了 raise 语句，进入异常状态，raise 语句后的代码将不能被执行。如果在 try…except 语句中，那么 except 里的语句就会被执行。抛出异常语法格式：

raise 异常类型名

其中：

(1)不指定异常类型，引发当前上下文中捕获的异常，或默认引发 RuntimeError 异常。

(2)指定异常类名称，则引发指定类型的异常。

例 3-23　raise 不指定异常类型。代码如下：

```
1  x = int(input('请输入一个整数:'))
2  print(x)
3  raise            #有异常就正常抛出异常,没有异常就引发 RuntimeError 异常
4  print("a")      #因总有异常,该语句不会执行
```

运行如果如下：

```
runfile('D:/python/raise.py')
请输入一个数字:a
Traceback (most recent call last):
  File "D:\python\raise.py", line 1, in <module>
    x = int(input('请输入一个数字:'))
ValueError: invalid literal for int() with base 10: 'a'
```

当执行第 1 行代码时，如果输入的不是整数，python 正常显示如上 ValueError 类型异常；如果输入的是正确的整数 2，执行第 2 行输出 x 的值 2，继续执行第 3 行代码，raise 默认引发 RuntimeError 异常（结果如下所示），终止程序运行，第 4 行语句不会被执行。

```
请输入一个数字:2
Traceback (most recent call last):
  File "D:\python\raise.py", line 3, in <module>
    raise            #有异常就正常抛出异常,没有异常就引发 RuntimeError 异常
RuntimeError: No active exception to reraise
```

例 3-24　用 raise 指定异常类型，处理输入用户密码异常。

```
1  try:
2      print("请输入登录密码:")
3      psw = input()
4      if psw != "123456":
5          raise Exception("密码错误!")
6      print("登录成功")
7      break
8  except:
9      print(Exception("密码错误!"))
```

```
runfile('D:/python/raise.py')
请输入登录密码:
123
密码错误!
```

当执行第 4 行时，输入的密码字符“123”经过第 5 行条件判断不等于“123456”，由第 6 行代码主动抛出“密码错误”的异常，由第 9 行的 except 捕捉到，并由第 10 行代码输出。

Python 能识别多种异常类型，但过多采用 try-except 语句会影响代码的可读性，增加代码维护难度。一般只在关键地方采用 try-except 类型语句处理可能发生的异常。

3.5　应用实例

例 3-25　输入一个整数，判断其是否素数。素数是指只能被 1 或自己整除，不能被其他整数整除的正整数。

问题分析：2 是最小的素数，偶数必然不是素。输入一个数后，用它除以 2 到该数之间的每个数，即用 for 循环遍历这些数，每提取一个数做一次除法，并用 if 条件判断是否能整除，从而确认是否素数。程序代码及运行结果如下：

```
num = int(input("请输入一个数字："))
if num > 1:                       # 素数大于 1
    for i in range(2,num):        # 从 2 开始遍历每个除数
        if (num % i) == 0:        #如果能除尽，那么 n 不是素数
            print(num,"不是质数")
            break                 #确认不是素数退出循环不再遍历
      else:
            print(num,"是质数")
else:
    print(num,"不是质数")         # 如果输入的数字小于或等于 1，那么不是质数
```

```
runfile('D:/python/素数.py')
请输入一个数字：56
56 不是质数
```

例 3-26　写一个简单的登录程序，有 3 次输入账号、密码的机会，如果错误 3 次则账号锁定。

问题分析：预设账号为 abc，密码为 123456，在 for 循环中用 range 函数控制输入次数。用 if 多分支语句设置 3 种条件选择：账号和密码正确，登录成功；输入错误重新输入；输入超过 3 次通知锁定账户。每个分支符合条件用 break 退出 for 循环。程序代码如下：

```
user = 'abc'
paswd = 123456
name = input("请输入用户名:")
password = input("请输入密码:")
for i in range(3):                 #三次循环控制输入次数
    if name == user and int(password) == paswd:
        print("欢迎您的到来!")
        break
    elif i < 2:
        name = input("请输入用户名:")
        password = input("请输入密码")
```

```
    elif i == 2:
print("账户已锁定")
break
```

运行结果如下：

```
runfile('D:/python/pass.py')
请输入用户名:aa
请输入密码:123
请输入正确的用户名:abc
请输入正确的密码 123456
欢迎您的到来!
```

例 3-27 用 for 和 while 循环语句编写输出自然数金字塔的程序，输入任意层数 n，从 1 开始按金字塔形自顶向下输出 n 层自然数。

问题分析：金字塔形的规律是：第 1 层(行)有 1 个数，第 2 层有 3 个数，第 3 层有 5 个数，……第 n 层就有 n+(n-1)个数。求第 n 层的第一个数即从第 1 层到第 n-1 层一共有多少个数再加 1。用 for 控制层数；用一个 while 循环控制塔左边的空格；再用 while 循环嵌套控制输出的每一层个数和每个数。程序代码如下：

```
s=0
n1 = int(input('输入要输出的层数:'))
for n in range(1,n1+1):
    i = 0
    while i < n1-n:                      #控制左侧空格
        print('',end='    ')
        i += 1
    j=0
    while j < n:                         #控制行
        j += 1
        k = 0
        while k < j:                     #计算数值
            s=k+1+((n-1) * n)/2
            k += 1
        print(int(s),end='        ')
    print()
```

运行结果如下：

```
runfile('D:/python/塔数字.py')
输入要输出的层数:6
                    1
                2       3
            4       5       6
        7       8       9       10
    11      12      13      14      15
16      17      18      19      20      21
```

实训与习题 3

实训

编写程序,模拟蒙特·卡罗计算圆周率近似值的方法,输入掷飞镖次数,然后输出圆周率近似值。

蒙特·卡罗方法是一种通过概率来得到问题近似解的方法,在很多领域都有重要的应用,包括圆周率近似值的计算问题。假设有一块边长为 2 的正方形木板,上面画一个单位圆,然后随意往木板上扔飞镖,落点坐标(x, y)必然在木板上(更多的时候是落在单位圆内),如果扔的次数足够多,那么落在单位圆内的次数除以总次数再乘以 4,这个数字会无限逼近圆周率的值。这就是蒙特·卡罗发明的用于计算圆周率近似值的方法。

训练要点:

(1)输入语句输入投掷飞镖的次数 n;

(2)range()函数产生 n 序列整数,由 for 循环遍历;

(3)用随机函数库 random 模块的随机函数 random(),生成落点坐标 x 和 y 的值;

(4)用 if 语句判断生成的随机数(投掷的飞镖)是否落在圆中;

(5)输出逼近圆周率的值。

习题

1.输入 a、b、c 三个参数,假定 b2_4ac>0,求解 ax2+bx+c=0 的两个根。

2.输入 a、b、c 三个参数,以它们作为三角形的三边,判断是否可以构成一个三角形,如能构成一个三角形则进一步计算其面积。三角形的面积 s 可以用以下公式计算:

s=sqrt(p*(p-a)*(p-b)*(p-c))

其中,p=(a+b+c)/2。

3.输入一个字母,判断它是否为小写英文字母。

4.从键盘输入 5 个字符,统计“0”字符出现的次数。

5.输入两个整数,判断哪个大并输出结果。

6.输入一个字母,如果它是一个小写英文字母,则把它变为对应大写字母输出。

7.计算 100 以内自然数的奇数和。

8.从键盘输入 a、b 两个数,按大小顺序输出它们。

9.如果制定的纳税标准是:2 000 元内不纳税,2 000~4 000 元部分按 2%纳税,4 000~6 000 元部分按 3%纳税,6 000 元以上部分按 5%纳税。编写一个程序输入一个人的收入,计算其应缴税额。

10.输出 99 乘法表为一个长方形形式。

11.平面上有四个圆,圆心分别为(2, 2) (-2, 2) (-2, -2) (2, -2),圆半径为 1。现在输入任一点的坐标,判断该点是否在这四个圆中,如在这四个圆中则给出是在哪一个圆中。

4 Python 数据结构

前面学过的基本数据类型，如数字类型，包括整数类型、浮点数类型和复数类型，是表示单一数据的类型。在实际计算中，常需要将多个数据有效组织起来并统一表示，以能同时处理。多个同类型或不同类型的数据组织起来并统一表示的数据类型被称为组合数据类型。组合数据类型是 Python 的基本数据结构类型，主要包含序列、映射以及集合三种结构类型。最常用的序列类型是字符串、列表和元组。Python 中唯一的映射类型数据结构是字典。

■本章学习要点

(1) Python 数据结构类型；
(2) 列表的创建和元素的查找、增加、更新、插入、删除等操作；
(3) 元组的创建和元素的操作；
(4) 字符串的操作；
(5) 字典的创建及操作。

4.1 列表类型

4.1.1 认识列表类型

列表是 Python 中内置有序可变序列，列表的所有元素放在一对中括号“[ ]”中，并使用逗号分隔开。列表中允许既包括任意类型的对象，也包括列表对象。

列表的元素之间存在先后关系，每个元素都分配有一个序号(也称为索引或下标)，有正向递增序号和反向递减序号两种索引。正索引序号从 0 开始，序号 0 分配给在第 1 个位置的元素，负索引序号从 -1 开始，序号 -1 分配给在最后位置的元素。列表 n =

[1,2,3,4,5,6]的索引如图 4-1 所示。

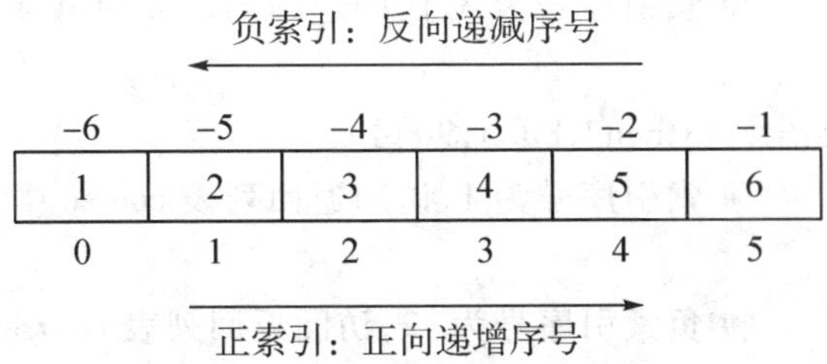

图 4-1　列表[1,2,3,4,5,6]索引图示

4.1.2　创建列表

创建一个列表，只需要把所需的列表元素以逗号隔开，并用方括号[ ]将其括起来。也可对变量赋值来创建列表。列表没有长度限制，允许创建一个空列表。

创建列表格式为：

[元素 1,元素 2,…]

或：列表名 = [元素 1,元素 2,…]

例如下列的代码及运行结果：

```
>>> n = [1,2,3,4,5,6]                          # 创建列表赋给变量 n
>>> print(n)
[1, 2, 3, 4, 5, 6]
>>> course = ['大学英语','Python',80.5,90]    # 创建包含混合数据元素列表
>>> print(course)
['大学英语', 'Python', 80.5,90]
>>> list1 = [98.5,'abc',[6,7,8],-8,'D']       # 创建包含混合数据类型的嵌套列表
>>> print(list1)
[98.5, 'abc', [6, 7, 8], -8, 'D']
>>> empty1=[ ]                                 # 创建空列表
>>> print(empty1)
[ ]
```

4.1.3　列表的访问

对列表的访问操作不会改变被访问的列表。

4.1.3.1　访问获取元素值

访问列表的某一个元素的值，就是访问列表的某个值，结果是从列表中返回某一个元素，方法是在列表名后面紧接方括号“[ ]”（包括元素的序号），就能返回出列表中对应位置的元素。

其格式为：

列表名[序号]

例如下列的代码及运行结果：

```
>>> n = [1,2,3,4,5,6,7,8]
>>> n[3]                    # 索引序号为 3,访问返回列表 n 中第 4 个元素值
4
>>> course = ['大学英语','Python',80.5,90]
>>> course[1]               # 索引序号为 1,访问返回列表 course 中第 2 个元素值
'Python'
>>> course[-2]              # 负索引序号为-2,访问返回列表 course 中第 3 个元素值
80.5
>>>x = course[3]            #访问返回的值赋给一个变量
>>>print('x =',x)
x = 90
```

4.1.3.2 查找元素位置

访问列表中某一个元素的位置,用内置函数 index( )可以访问列表中第一个为指定值的元素位置,函数的参数为元素,返回元素的序号,如元素不存在就抛出错误。

其格式为:

列表名.index(元素)

例如下列的代码及运行结果:

```
>>> n = [1, 2, 3, 4, 5, 6, 7, 8]
>>> n.index(3)                  # 访问元素 3 的位置,返回该元素的序号
2
>>> course = ['大学英语','Python',80.5,90]
>>> course. index ('Python')    # 访问元素"python"的位置,返回该元素的序号
1
```

4.1.3.3 访问元素是否存在

用 in 可以检查指定元素是否存在于列表中,如果存在,返回 True,否则返回 False。

其格式为:

元素 in 列表名

例如下列的代码及运行结果:

```
>>> course = ['大学英语','Python','数据结构']
>>> 'Python' in course
Ture
>>> '大学语文'  in   course
False
```

4.1.3.4 列表的切片访问

列表的切片就是访问获取字列表的片段,形成子列表。在进行切片操作时,只需要传入所获取列表起始元素的索引、终止元素的索引以及步长值,此时返回的子列表将包含从起始元素开始,以步长为间隔,到终止元素之前的所有元素,不会改变原列表。

其格式为:

列表名[起始元素:终止元素:步长值]

当步长值为正数时，表示切片从左往右方向获取元素；当步长值为负数时，则表示切片从右往左方向获取，所获取的元素不含终止元素。省略第 2 个冒号和步长值，此时默认步长值为 1。

例如下列的代码及运行结果：

```
>>> list_1 = [10,20,30,40,50,60,70,80,90]
>>> list_1[2:6]        #默认步长值为 1,获取从序号 2 到序号 6 之间不含序号 6 的元素
[30,40,50,60]
>>> list_1[1:7:2]      #从序号 1 开始到序号 7 之间,序号每递增 2 获取 1 个元素
[20, 40, 60]
>>> list_1[-2:-8:-3]   #负索引序号从-2 开始到序号-8 之间,每递减 3 获取 1 个元素
[80,50]
>>>list_2 = list_1[2:6]          #切片赋值给子列表 list_2
>>>print('list_2=',list_2)
list_2 = [30,40,50,60]
>>>print('list_1=',list_1)       #切片后不改变原列表 list_1
list_1 = [10,20,30,40,50,60,70,80,90]
```

4.1.3.5 访问列表长度

计算列表元素的个数，可用内置函数 len()，函数的参数为列表名。

例如下列的代码及运行结果：

```
>>>numb = [15,25,35,45,55,65]
>>>len(numb)
6
```

4.1.3.6 访问元素出现的次数

内置函数 count()计算指定的元素在列表中出现的次数，函数的参数为元素。

其格式为：

列表名.count(元素)

例如下列的代码及运行结果：

```
>>>list_1 = [5,10,10,45,10,'abc']
>>>list_1.count(10)
3
```

4.1.3.7 访问最大值与最小值元素

对于同类型数据的列表，用内置函数 max()可返回列表中最大值元素，用函数 min()可返回列表中最小值元素。

其格式为：

max(列表) 或 min(列表)

例如下列的代码及运行结果：

```
numb_1 = [2,3,5,1,9,6,7,5]
m = max(numb_1)      #返回最大值元素赋给变量 m
n = min(numb_1)      #返回最小值元素赋给变量 n
```

```
print('最大值元素',m)
print('最小值元素',n)
```

```
runfile('D:/python/maxmin.py')
最大值元素 9
最小值元素 1
```

4.1.4 修改列表

修改列表的操作将改变原列表。

4.1.4.1 添加新元素

用函数 append( )将一个元素添加到列表末尾,函数的参数为元素。

其格式为:

列表名.append(元素)

例如下列的代码及运行结果:

```
course = ['大学英语',85, 'python']
course.append(90)                    #在列表 course 中最后位置添加一个新元素
print('course =',course)
```

```
runfile('D:/python/course.py')
course = ['大学英语',85,'python',90]
```

4.1.4.2 替换元素

利用索引把新元素赋值给索引,就修改了列表中索引位置的元素。

其格式为:

列表名[序号] = 新元素

例如下列的代码及运行结果:

```
a = [10,20,30,40]
>>>a[3] ='abc'
>>>print('a =',a)
runfile('D:/python/修改元素.py')
a = [10, 20, 30, 'abc']
```

4.1.4.3 插入元素

用函数 insert( )可将一个元素插入列表指定的位置。

其格式为:

列表名.insert(序号,元素)

例如下列的代码及运行结果:

```
n = [1, 2, 3, 5, 6]
n.insert(3,'四')                    #在序号为 3 的位置插入元素"四"
print('n =',n)
```

```
runfile(' D:/python/insert. py ')
n = [1, 2, 3, '四', 5, 6]
```

4.1.4.4 删除元素

（1）用 del 语句删除

可用 del 语句删除一个或指定范围内的元素。

其格式为：

del 列表名[起始元素 :终止元素]

例如下列的代码及运行结果：

```
a1 = [50,60,70,80,90,100]
del a1[2]                       #删除列表 a1 中序号为 2 的元素
print(' a2 =',a1)
del a1[1:3]                     #从序号 1 开始删除到序号 3 前的元素
print(' a1 =',a1)
```

```
runfile(' D:/python/del. py ')
a2 = [50, 60, 80, 90, 100]
a1 = [50, 90, 100]
```

(2)用函数 pop( )删除

可用函数 pop( )从列表中删除指定序号的一个元素，函数的参数为序号，未指定序号则删除最后一个元素。其格式为：

列表名.pop(序号)

例如下列的代码及运行结果：

```
a2 = [100,200,300,400]
a2.pop(2)                       #删除列表 a 中序号为 2 的元素
print(' a2 =',a2)
a2.remove(200)                  #删除列表 a 中最后一个元素
print(' a2 =',a2)
```

```
runfile(' D:/python/del. py ')
a2 = [100, 200, 400]
a2 = [100, 400]
```

(3)用函数 remove( )删除

可用函数 remove( )从列表中删除第一个为指定值的元素，函数的参数为元素。如果列表中有多个重复的元素，仅删除重复元素的第一个元素。

其格式为：

列表名. remove(元素)

例如下列的代码及运行结果：

```
x = [' ab ',' cd ',' ef ',' cd ',' gh ']
x.remove(' cd ')                #删除列表中第一个“cd”元素
print(' x =',x)
```

```
runfile('D:/python/remove.py')
x = ['ab', 'ef', 'cd', 'gh']
```

4.1.4.5 元素排序

可用函数 sort()对原来的列表改变位置排序，函数的参数缺省时为升序排列，降序排列的参数为 reverse = True。

其格式为：

列表名.sort()

例如下列的代码及运行结果：

```
y = [5,2,8,6,7,1]
y.sort()                      #对原列表 y 的元素按值改变位置由小到大排序(升序)
print('y =',y)
y.sort(reverse = True)        #对原列表 y 的元素按值改变位置由大到小排序(降序)
print('y =',y)
```

```
runfile('D:/python/sort.py')
y = [1, 2, 5, 6, 7, 8]
y = [8, 7, 6, 5, 2, 1]
```

4.1.5 多个列表的运算

列表可能进行加法和乘数的运算，运算结果产生新的列表。

4.1.5.1 列表相加

可使用加法运算符来拼接几个列表生成新的列表。一般不能拼接不同类型数据的列表，列表相加会占用较大内存。例如：

```
a = [1, 2,3]
a + [5,7]                     #相加后生成新的列表,列表 a 不会改变
print(a + [5,7])
print('a =',a)
```

```
runfile('D:/python/列表加.py')
[1, 2, 3,5,7]
a = [1, 2, 3]
```

4.1.5.2 列表乘数值

当列表与数值 x 相乘时，将重复这个列表 x 次来生成一个新列表。例如：

```
a = [1, 2,3]
a * 3                         #相加后生成新的列表,列表 a 不会改变
print(a * 3)
print('a =',a)
```

```
runfile('D:/python/列表乘数.py')
[1, 2, 3, 1, 2, 3, 1, 2, 3]
a = [1, 2, 3]
```

4.1.6 列表相关内置函数

4.1.6.1 sorted( )

语法格式：

sorted(iterable,key = None,reverse = False)

可以返回序列的排序列表，其中，参数 iterable 可以是 string,list,tuple,dict,file,xrange 等对象，key 是用于计算比较键值的函数(带 1 个参数)。

4.1.6.2 reversed( )

语法格式：

reversed(seq)

可以返回一个系列反转的序列表(反转的迭代)，其中 seq 是要转换的序列，可以是 tuple，string，list 或 range。

4.1.6.3 all ( )

语法格式：

all(iterable)

可以判断序列的元素是否全部，其中参数 iterable 如果序列的任意值为 True，返回 True；否则，返回 False。元素除了是 0、空、None、False 外都算 True。

4.1.6.4 any( )

语法格式：

any (iterable)

可以判断序列的元素是否部分，其中参数 iterable 如果有一个为 True，则返回 True；如果全部为 True 则为 False。

4.1.7 列表应用实例

例 4-1　替换列表 s 中所有的 6 为 6a。程序代码及运行结果如下：

```
s = ["python",6,34,65,56,6,78,6,3,6]
c = s.count(6)                    #6 出现的次数
print("6 出现的次数:",c)
for i in range(c):                #循环次数
    m = s.index(6)                #每次获取第 1 个出现 6 的下标
    s[m] = "6a"                   #修改 6 为 6a
print(s)
```

```
runfile('D:/python/list6.py')
6 出现的次数: 4
['python', '6a', 34, 65, 56, '6a', 78, '6a', 3, '6a']
```

例 4-2　输入三个数存入列表中,把这三个数从小到大输出。程序代码及运行结果如下:

```
try:
    a = float(input("输入第 1 个数:a= "))
    b = float(input("输入第 2 个数:b= "))
    c = float(input("输入第 3 个数:c= "))
    s=[]                #定义空列表
    s.append(a)         #添加数值
    s.append(b)
    s.append(c)
    s.sort()            #排序
    print("从小到大的排序为:%s ,%s ,%s"%(s[0],s[1],s[2])) #读取元素
except Exception:
    print("输入有误")
```

```
runfile('D:/python/listabc. py')
输入第 1 个数:a = 3
输入第 2 个数:b = 6.5
输入第 3 个数:c = 9
从小到大的排序为:3.0 ,6.5 ,9.0
```

例 4-3　对列表 lis = [1,9,2,6,3,9,4,12,0,57,35]元素进行冒泡排序。

在程序设计中,经常需要将列表进行排序,这样更加方便统计与查询。程序常用的排序方法有冒泡排序、选择排序和快速排序等。其中,冒泡排序方法以简洁的思想与实现方法而备受青睐。

冒泡排序是最常用的数组排序算法之一,基本思想是对比相邻的元素值,如果满足条件就交换元素值,把较小的元素移动到列表前面,把大的元素移动到列表后面(也就是交换两个元素的位置),这样较小的元素就像气泡一样从底部上升到顶部。

冒泡算法由双层循环实现,其中外层循环用于控制排序轮数,一般为要排序的列表长度减 1 次,因为最后一次循环只剩下一个列表元素,不需要对比,列表已经完成排序。而内层循环主要用于对比列表中每个邻近元素的大小,以确定是否交换位置,对比和交换次数随排序轮数而减少。程序代码及运行结果如下:

```
lis = [1,9,2,6,3,9,4,12,0,57,35]          #定义列表
for i in range(len(lis)):                  #外循环控制冒泡排序的次数
    for j in range(len(lis)-1):            #内循环控制每次排序比较的次数
        if lis[j] > lis[j+1]:              #相邻两个元素进行比较
            lis[j],lis[j+1] = lis[j+1],lis[j]   # 实现两个变量位置的互换
print(lis)
```

```
runfile('D:/python/lismp. py')
[0, 1, 2, 3, 4, 6, 9, 9, 12, 35, 57]
```

例 4-4　对列表 lis = [1,9,2,6,3,9,4,12,0,57,35]元素进行直接选择法排序。

直接选择排序法属于选择排序的一种,它的排序速度要比冒泡排序快一些,也是常用的排序算法。直接选择排序的基本思想是将指定排序位置与列表其他元素分别对比,如果满足条件就交换元素值。与冒泡排序的区别是不交换相邻元素,而是把满足条件的元素与指定的排序位置交换(如从最后一个元素开始排序),这样排序好的位置逐渐扩大,最后整个数组都成为已排序好的排列。程序代码及运行结果如下:

```
lis = [1,9,2,6,3,9,4,12,0,57,35]
for i in range(len(lis)):                #外循环控制选择排序的次数
    for j in range(i+1):                 #内循环控制每次排序比较的次数
        if lis [i] < lis [j]:            #每个元素与所有元素进行比较
            lis [i], lis [j] = lis [j], lis [i]   # 实现两个变量位置的互换
print(lis)

runfile('D:/python/listij.py')
[0, 1, 2, 3, 4, 6, 9, 9, 12, 35, 57]
```

4.2　元组类型

4.2.1　认识元组类型

元组是包含 0 个或多个数据项的不可变序列数据类型。在圆括号( )内将任意数据元素用逗号隔开构成元组。元组中的元素是任意类型数据对象,包括列表和元组。元组一旦创建,其内容是不可修改的,不能对元组进行赋值增添、替换、插入、删除等修改内容的操作。

4.2.2　创建元组

使用圆括号( )将所需的元组元素括起来,并用逗号隔开,就创建了元组。创建元组时可以省略圆括号,逗号不能省略。当元组中只有一个元素时,后面需要有逗号。圆括号中无任何元素,则会创建一个空元组。

创建元组格式为:

(元素 1,元素 2,…,)或:元组名 = (元素 1,元素 2,…,)

例如创建元组的下列代码及运行结果:

```
>>> m = (10,20,30,40,50,60)                    # 创建元组赋给变量 m
>>> print(m)
(10, 20, 30, 40, 50, 60)
>>> tup_cou = ('英语','Python',[80,90],6,(20,40)) #含混合数据元素的元组
>>> print(tup_cou)
('英语', 'Python', [80, 90], 6, (20, 40))
>>> tup_1 = 10,30,50                           #省略括号的元组
```

```
>>> print(tup_1)
(10, 30, 50)
>>> n = 8,          #只有一个元素的元组,如果没有逗号就是一个整型常量
>>> print(n)
(8,)
```

4.2.3 元组的基本操作

4.2.3.1 对元组的访问

元组的索引结构与列表是类似的,利用索引进行访问的操作方法与列表的操作相同。如访问元组的长度、最大值元素或最小值元素,元素的元素值、位置序号、出现次数,切片获取多个元素,元组的加运算和乘数值运算以及类型转换等。

例 4-5 在由学生的学号、姓名、性别、出生日期和籍贯组成的元组中,访问某元素是否存在元组中,如果输出它的位置,程序代码及运行结果如下:

```
student = ('G20190001','张明','男',19901126,'云南昆明')
if '张明' in student:                 #访问张明是否在元组 student 中
    a = student.index('张明')          #获取元素值张明在元组中的索引序号
    print("张明的索引序号是",a)
else:
    print("张明不在元组 student 中")

runfile('D:/python/in 元组.py')
张明的索引序号是 1
```

例 4-6 访问元组列表长度,获取元组中某位置的元素,计算该元素出现的次数。程序代码及运行结果如下:

```
student = ('G20190001','张明','男',19901126,'云南昆明')
lis = len(student)                        #获取元组的长度(元素个数)
print("元组 student 的元素个数:",lis)
name = student[1]                          #用索引序号 1 获取元素值
print('name =',name)
n = student.count('张明')             #获取元素值在元组中重复出现的次数
print('出现次数:',n)

runfile('D:/python/元组 len.py')
元组 student 的元素个数: 5
name = '张明'
出现次数: 1
```

例 4-7 用切片方法生成新的元组。程序代码及运行结果如下:

```
student = ('G20190001','张明','男',19901126,'云南昆明')
st_1 = student[0:3]            #获取元组序号为 0 到 2 的元素值生成新元组
print("st_1 =" ,st_1)
```

```
st_2 = student [1:4:2]        #序号 1 至 4 之间,隔 1 个取 1 个元素生成新元组
print(' st_2 =',st_2)
st_3 = student[-1:-5:-3]    #负向索引隔 2 个获取 1 个元素生成新元组
print(' st_3 =',st_3)
```

```
runfile(' D:/python/元组切片 . py ')
st_1 = (' G20190001 ', '张明', '男')
st_2 = ('张明', 19901126)
st_3 = ('云南昆明', '张明')
```

例 4-8　访问并输出元组中的最大值元素和最小值元素。(元组的元素必须是同类型数据)程序代码及运行结果如下:

```
tuple_1 = (70,85,62,94,49,81,73)
a = max(tuple_1)
b = min(tuple_1)
print('最大数 =',a)
print('最小数 =',b)
```

```
runfile(' D:/python/元组 max. py ')
最大数 = 94
最小数 = 49
```

4.2.3.2　多个元组的运算

例 4-9　两个元组相加,元组乘一个整数。程序代码及运行结果如下:

```
st_1 = (' G20190001 ', '张明', '男')
st_3 = ('云南昆明', '张明')
st_4 = st_1 + st_3
print(' st_4 =', st_4)
st_5 = st_3 * 2
print(' st_5 =', st_5)
```

```
runfile(' D:/python/元组加 . py ')
st_4 = (' G20190001 ', '张明', '男', '云南昆明', '张明')
st_5 = ('云南昆明', '张明', '云南昆明', '张明')
```

4.2.3.3　元组与列表之间相互转换

例 4-10　用内置函数 tuple()把列表转换成元组,用内置函数 list() 把元组转换成列表。程序代码及运行结果如下:

```
ls1 = ['大学英语',85,' python ',90]
tp1 = tuple(ls1)                        #列表 ls1 转换为元组 tp1
print(' tp1 =',tp1)
```

```
tp2 = ('大学语文',78,'高等数学',80)
ls2 = list(tp2)                                  #元组 tp2 转换为列表 ls2
print('ls2 =',ls2)
```

```
runfile('D:/python/ list-tuple.py')
tp1 = ('大学英语', 85, 'python', 90)
ls2 = ['大学语文', 78, '高等数学', 80]
```

4.2.4 zip( )函数

zip()函数在运算时,会以一个或多个序列(可迭代对象)作为参数,返回一个元组的列表,同时将这些序列中并排的元素配对。

zip()参数既可以接受任何类型的序列,也可以有两个以上的参数;当传入参数的长度不同时,zip()能自动以最短序列长度为准进行截取,获得元组。例如:

```
a = [1,2]
b = [3,4]
z = zip(a,b)      #z 是一个对象
print(z)
y = list(z)       #使用 list()函数转换为列表
print(y)
```

运行结果如下:

```
runfile('D:/python/ zip.py')
<zip object at 0x000000000BB351C8>
[(1, 3), (2, 4)]
```

4.2.5 元组应用实例

例 4-11 输入一组数值组成元组,输出他们的和。程序代码及运行结果如下:

```
try:
    list1 = eval(input("输入一组数,并用逗号隔开,如 2,5,4 :"))
    sum=0
    n=len(list1)                    #获取元组长度
    for i in range(n):
        sum = sum +list1[i]         #计算元组的元素之和
    print("sum =",sum)
except:
print("输入错误")
```

```
runfile('D:/python/ listsum.py')
输入一组数,并用逗号隔开,如 2,5,4 :12.5,6,-8,9
sum = 19.5
```

例 4-12　与电脑玩石头、剪刀、布的猜拳游戏。程序代码及运行结果如下：

```
import random
tup1 = ('石头','剪刀','布')
tup2 =(('石头','剪刀'),('剪刀','布'),('布','石头'))     #定义赢的对决元组
n = 1
while n :
    people = input('请输入石头、剪刀、布:')
    print("你   出:",people)
    computer = random.choice(tup1)    #计算机从元组 tup1 中随机取元素值“出拳”
    print("电脑出:",computer)
     if people == computer:
         print('平局,再来! ')
     elif (people,computer) in tup2: #用 in 判断人与机对决是否在赢的元组 tup2 中
         print('你赢了,恭喜!!! ')
         n = 0            #为 while 设置条件值 False 以能退出循环
     else:
         print('你输了,哈哈哈哈! ')
```

```
runfile('D:/python/ 猜拳 .py')
请输入石头、剪刀、布:布
你   出: 布
电脑出: 石头
你赢了,恭喜!!!
```

4.3　字符串类型

字符串是若干单一字符的有序组合,即字符序列数据类型。字符串可以包含中文与英文等任何字符,空字符串("")是连续两个引号,中间没有任何东西,空字符串的长度为 0,如" "包含一个空格就不是空串,长度为 1。

字符串是不可变序列数据结构类型,与元组具有同样的索引结构,串中一个字符或连续多个字符(子串)可视为单个元素处理。字符串支持索引的操作,但不能修改内容,可以通过字符串的切片获取和系列内置函数等方法,“修改”字符串内容生成新的字符串序列。

4.3.1　字符串的访问操作

字符串支持与列表同样的索引访问操作以及加运算、乘数值、比较运算等操作。

例 4-13　获取字符串长度、字符串中某个字符或某子串。程序代码及运行结果如下：

```
str1 = "Welcome to this beautiful city!"
le = len(str1)                    #计算字符个数
```

```
print('字符个数:',le)
x = str1.index('c')                 #查询单个字符元素的索引位置
y = str1.index('com')               #查询子串为元素的索引位置
z = str1.count('t')                 #查询字符元素出现的次数
print('"c"的索引序号:',x)
print('"com"的索引序号:',y)
print('"t"出现次数:',z)
```

```
runfile('D:/python/字符串 len.py')
字符个数: 31
"c"的索引序号: 3
"com"的索引序号: 3
"t"出现次数: 4
```


例 4-14　用序列切片方法获取字符串中的子串。程序代码及运行结果如下：

```
str1 = "Welcome to this beautiful city!"
str2 = str1[0:7]                #切片获取“welcome”
print('str2 =',str2)
x = str1.index('this')          #查找子串“this”的索引位置
print('x =',x)
str3 = str1[x:x+4]              #切片获取“this”
print('str3 =',str3)
str4 = str1[x::2]               #切片获取“this”
print('str4 =',str4)
print('str1 =',str1)            #切片后原字符串 str1 不变
```

```
runfile('D:/python/字符串切片.py')
str2 = Welcome
x = 11
str3 = this
str4 = ti euiu iy
str1 = Welcome to this beautiful city!
```

例 4-15　字符串相加和乘数运算。程序代码及运行结果如下：

```
st1 = "ABCDE 五四三二一"
st2 = st1[-1:-6:-1]             #负向切片获取子串“一二三四五”
print("st2 =",st2)
st3 = st1 + st2 * 2             #字符串加与乘运算
print("st3 =",st3)
print("st1 =",st1)              #加与乘运算后不改变 st1
```

```
runfile('D:/python /字符串加.py')
```

```
st2 = 一二三四五
st3 = ABCDE五四三二一一二三四五一二三四五
st1 = ABCDE五四三二一
```

4.3.2 字符串处理的常用内置函数

字符串是不可变序列,不支持像列表一样的内容修改操作,Python 提供了系列字符串处理内置函数,可在原字符串的基础上进行替换、去空格等"修改"操作后生成新的字符串。

4.3.2.1 字符串转大小写函数 upper()和 lower()

小写字母转为大写格式:字符串名.upper()

大写字母转为小写格式:字符串名.lower()

例 4-16 把"Welcome to this beautiful city!"全部转为大写字母,再转为小写字母。程序代码及运行结果如下:

```
st = "Welcome to this beautiful city!"
st1 = st.upper()                    #字符串 st 的所有字符小写转为大写
st2 = st.lower()                    #字符串 st 的所有字符大写转为小写
print(st1)
print(st2)
print(st)                           #原字符串不会改变

runfile('D:/python/str大小写.py')
WELCOME TO THIS BEAUTIFUL CITY!
welcome to this beautiful city!
Welcome to this beautiful city!
```

4.3.2.2 字符串查找函数 find()和 rfind()

查找第一次出现元素的格式:字符串名.find(t)

查找最后一次出现元素的格式:字符串名.rfind(t)

参数 t 可以是字符串中一个字符或子串元素。find(t)函数返回在字符串中查找 t 第一次出现的位置序号,rfind(t)函数返回在字符串中查找 t 元素最后一次出现的位置序号,如不存在就返回-1。

例 4-17 查找字符串中的 ab 和 abd。程序代码及运行结果如下:

```
st = "ABabcabcab23"
i = st.find("ab")                   #查找第一个"ab"的索引序号
j = st.rfind("ab")                  #查找最后一个"ab"的索引序号
k = st.find("abd")                  #查找第一个"abd"的索引序号
print("i = ",i, " j = ",j ," k =",k)

runfile('D:/python/find.py')
i =  2  j =  8  k = -1
```

4.3.2.3 字符串去掉空格函数 lstrip(),rstrip(), strip()

去掉字符串左边的空格格式：　　字符串名.lstrip()

去掉字符串右边的空格格式：　　字符串名.rstrip()

去掉字符串左边与右边的空格格式:字符串名.strip()

函数返回去掉空格的新字符串。

例 4-18　去掉字符串“　ab c de　”中的空格。程序代码及运行结果如下：

```
st = "   ab c de   "
st1 = st.lstrip()                    #去掉字符串"   ab c de   "左边的空格
st2 = st.rstrip()                    #去掉字符串"   ab c de   "右边的空格
st3 = st.strip()                     #去掉字符串"   ab c de   "两边的空格
print(st1,"\b|",len(st1),"个字符")        #转义字符\b 退回 print 产生的一个空格
print(st2,"\b|",len(st2),"个字符")
print(st3,"\b|",len(st3),"个字符")
print(st,"\b|",len(st),"个字符")

runfile('D:/python/去空格.py')
ab c de   | 9 个字符
   ab c de| 9 个字符
ab c de| 7 个字符
   ab c de   | 11 个字符
```

4.3.2.4 格式化字符串函数 format()

基本格式:“xxx{ }xxx”.format(参数)

xxx{ }xxx 是指定字符串的显示样式,参数是指要进行格式转换的项,可以通过位置、索引序号等指定参数中要进行格式转换的项,用要转换项代替{ }中括起来的内容。例如：

```
>>> '{},{}'.format('张明','20 岁','李强')       #按位置代替
'张明,20 岁'
>>>"{2}和{0},都是 {1}".format('张明','20 岁','李强')       #按索引序号代替
'李强和张明,都是 20 岁'
```

4.3.2.5 替换子串 replace()

基本格式:字符串名.replace(old,new [,max])

参数 old 是将被替换的子字符串;new 是新字符串,用于替换 old 子字符串;max 为可选字符串,替换不超过 max 次。

例 4-19　将字符串“abc abd abe abf”中的前 3 个“ab”替换为 123。程序代码及运行结果如下：

```
st = 'abc abd abe abf'
st1= st.replace('ab','123',3) # 将字符串里的 ab 全部替换为 123,替换不超过 3 次
print(st)
print(st1)
```

```
runfile('D:/python/find.py')
abc abd abe abf
123c 123d 123e abf
```

4.3.2.6 字符串分隔符 split()

语法格式：

字符串名.split (str ="", num = string.count(str)) [n]

参数 str 是分隔符，默认为所有的空字符，包括空格、换行(\n)、制表符(\t)等；num 是分割次数，默认为 -1，即分隔所有，[n]为选取第 n 个分片。split()指定分隔符对字符串进行切片，如果参数 num 有指定值，则分隔 num+1 个子字符串，并且每一个子字符串可以赋给新的变量，[n]：表示选取第 n 个分片。返回值为分割后的字符串列表。

例 4-20 对字符串 string = "www.jxjy.ynjtc.com" 分割返回列表或字符片。程序代码及运行结果如下：

```
string = "www.jxjy.ynjtc.com"
list_1 = string.split('.')        #以'.'为分隔符,默认为 num=-1,分隔所有
print(list_1)
list_2 = string.split('.',1)      #以'.'为分隔符分割两次
print(list_2)
list_3 = string.split('.',2)      #以'.'为分隔符分割两次
print(list_3)
a = string.split('.',2)[1]        #以'.'为分隔符分割两次并取序列为 1 的项
print(a)
a1,a2,a3 = string.split('.',2)    #分割两次并把分割后的三个部分赋给三个变量
print(a1)
print(a2)
print(a3)
```

```
runfile('D:/python/find.py')
['www', 'jxjy', 'ynjtc', 'com']
['www', 'jxjy.ynjtc.com']
['www', 'jxjy', 'ynjtc.com']
jxjy
www
jxjy
ynjtc.com
```

4.3.3 字符串类型应用实例

例 4-21 任意输入一个字符串。①输出第一个字符；②输出最后一个字符；③如果长度为奇数，输出中间的字符；④输出倒数第三个字符；⑤倒序输出字符串。程序代码及运行结果如下：

```
str_1 = input("请输入串字符串:")
print("第一个字符"+str_1[0])
print("最后一个字符"+str_1[-1])
if len(str_1) % 2 ! = 0:
    print("长度为奇数打印中间字符"+str_1[len(str_1) // 2])
print("倒数第三个字符:"+str_1[-3:])
print("倒序打印:"+str_1[::-1])
```

```
runfile('D:/python/str.py')
请输入串字符串:my name is zhangmin
第一个字符 m
最后一个字符 n
长度为奇数打印中间字符 s
倒数第三个字符:min
倒序打印:nimgnahz si eman ym
```


例 4-22 写一个程序进行货币间币值转换,其中,人民币和美元间汇率固定为:1 美元 = 7.10 元人民币。程序代码及运行结果如下:

```
try:
    E = float(input('输入汇率:1 美元币值=? 人民币值->'))  #输入美元币值对人民币值汇率
    ur = input('输入字符 U 和美元币值或字符 R 和人民币值:')  #输入 U 美元币值或 R 人民币值
    if ur[0] == 'U':
        r = eval(ur[1:]) * E                    #取 ur 中下标为 1 开始的数值 * E
        print("RMB{:.2f}".format(r))
    elif ur[0] == 'R':
        u = eval(ur[1:])/E                      #取 ur 中下标为 1 开始的数值/E
        print("USD{:.2f}".format(u))
     else:
          print("输入错误")
except:
print("输入错误")
```

```
runfile('D:/python/find.py')
输入汇率:1 美元币值=? 人民币值-> 7.10
输入字符 U 和美元币值或字符 R 和人民币值:U345
RMB2449.50
```

4.4 字典类型

4.4.1 认识字典类型

字典通过“键-值对”组织数据，键-值对的基本思想是将“值”信息关联一个“键”信息，进而通过键信息查找对应值信息，这个过程叫作映射。字典相当于保存了两组数据，其中一组数据是关键数据，被称为“键”；另一组数据可通过“键”来访问，被称为“值”。例如，例如，姓名和电话号码、用户名和密码、国家名称和首都等。

4.4.2 创建字典

4.4.2.1 定义字典

字典使用大括号{}创建，每个元素是一个键-值对。键和值通过冒号连接，不同键-值对通过逗号隔开。

格式：{<键1>:<值1>, <键2>:<值2>, …, <键n>:<值n>}

字典类型键-值对之间没有顺序，键必须使用不可变数据类型的对象，如数字、字符串、元组等，并且键是不允许重复的，列表不能作为元组的键；而值则可以是任意类型的，且在字典中可以重复。例如：

```
dict1={"中国":"北京","美国":"华盛顿","法国":"巴黎"}
studinfo={"姓名":"张明","学号":"G001","选修":["中华文化","java"]}
```

4.4.2.2 用 dict()函数创建字典

内置 dict()函数用于创建一个字典，基本语法格式为：

dict(关键字参数列表)

例如：

```
>>> dict()        #创建一个空字典
{}
>>>dict(a=1,b=2,c=3,d=4)  #传入关键字参数
{'a': 1, 'b': 2, 'c': 3,'d':4}
```

4.4.3 字典操作

字典作为映射类型数据结构，并没有索引的概念，也没有切片操作等处理方法。字典元素提取主要是利用键和值对应起来的映射关系来实现的。

4.4.3.1 访问字典中指定键的值

(1)根据键访问值

在字典中，对某个键-值的修改可以通过中括号的访问和赋值实现，通过键访问值使用的是方括号语法，就像前面介绍的列表和元组一样，只是此时在方括号中放的是键，而不是列表或元组中的索引，传入的键要存在于字典中。

格式：字典变量名[键]

例如:

```
st_info={'name':'张明','id':'G1001','sex':'男','address':'昆明五华区'}
addr = st_info['address']
print('addr =',addr)

runfile('D:/python/键访值.py')
addr = 昆明五华区
```

(2)用字典函数 get()访问值

字典内置函数 get() 可返回指定键的值,如果值不在字典中则返回默认值 None。

格式:字典变量名.get(键)

例如:

```
st_info={'name':'张明','id':'G1001','sex':'男','address':'昆明五华区'}
name_1 = st_info.get('name')
print('name_1 =',name_1)

runfile('D:/python/键访值.py')
name_1 = 张明
```

4.4.3.2 通过键修改值对

对字典中存在的键-值对赋值,新赋的值会覆盖原有的值,如果字典中没有该键,将添加为新的键-值对。

格式:字典变量名[键] = 新值

例如:

```
st_info={'name':'张明','id':'G1001','sex':'男','address':'昆明五华区'}
st_info['id'] = 'A1012'     #键'id'id 的值'G1001'修改为'G1012'
print('st_info=',st_info)

runfile('D:/python/修改值.py')
st_info={'name': '张明', 'id': 'A1012', 'sex': '男', 'address': '昆明五华区'}
```

4.4.3.3 通过添加键-值对

如果要为字典添加键-值对,只需为新的键赋值即可。

格式:字典变量名[新键] = 值

例如:

```
st_info ={'name':'张明','sex': '男','address':'昆明五华区'}
st_info['id'] = 'G1001'      #对键'id'赋值'G1001'生添加键-值对'id':'G1012'
print('st_info=',st_info)

runfile('D:/python/添加键-值对.py')
st_info ={'name': '张明', 'sex': '男', 'address': '昆明五华区', 'id': 'G1001'}
```

4.4.3.4 用 del 语句删除键-值对

可使用 del 语句删除键即删除键-值对。

格式:del　字典变量名[键]

例如:

```
st_info ={'name': '张明', 'sex': '男', 'address': '昆明五华区', 'id': 'G1001'}
del st_info['address']        #del 语句删除键即删除键-值对
print('st_info=',stuinfo)
```

```
runfile('D:/python/del 键-值对.py')
st_info = {'name': '张明', 'sex': '男', 'id': 'G1001'}
```

4.4.3.5 通过判断键-值对是否存在

用 in 判断指定的键,即可判断该键-值对是否存在,如果键-值对存在返回 Ture,否则返回 False。

格式:[键] in 字典变量名

例如:

```
st_info ={'name': '张明', 'sex': '男', 'id': 'G1001'}
a = 'name' in  st_info
b = 'address' in st_info        #st_info 中没有键'address'和值
print("a =",a)
print("b =",b)
```

```
runfile('D:/python/in 键-值对.py')
a = True
b = False
```

4.4.3.6 计算键-值对个数

用 python 内置函数 len() 可计算键-值对的个数,参数为字典变量名。例如:

```
st_info ={'name': '张明', 'sex': '男', 'id': 'G1001'}
le = len(st_info)
print("键-值对个数:",le)
```

```
runfile('D:/python/len 键值对.py')
键-值对个数: 3
```

4.4.3.7 获取字典所有键列表

用字典内置函数 keys()以 dict.keys(键列表)的形式返回一个字典所有的键,可用函数 list()返回键的列表。

格式:字典变量名.keys()

例如:

```
st_info ={'name': '张明', 'sex': '男', 'id': 'G1001'}
stk = st_info.keys()        #返回 dict_keys()形式值列表
```

```
print(stk)
stk_list = list(stk)          #用函数 list()转为键列表
print("键列表:",stk_list)
```

```
runfile('D:/python/keys 键列表 . py')
dict_keys(['name', 'sex', 'id'])
键列表:['name', 'sex', 'id']
```

4.4.3.8 获取字典所有值列表

用字典内置函数 values()以 dict.values(值列表)的形式返回一个字典所有的值,可用函数 list()返回值的列表。

格式:字典变量名.values()

例如:

```
st_info ={'name':'张明','sex':'男','id':'G1001'}
stu = st_info.values()      #返回 dict_values()形式值列表
print(stu)
stu_list = list(stu)        #用函数 list()转为值列表
print("值列表:",stu_list)
```

```
runfile('D:/python/keys 值列表 . py')
dict_values(['张明', '男', 'G1001'])
值列表:['张明', '男', 'G1001']
```

4.4.3.9 获取字典所有键-值元组列表

用字典内置函数 items()以 dict.items(值列表)的形式返回可遍历的(键, 值) 元组列表。

```
st_info ={'name':'张明','sex':'男','id':'G1001'}
stud = st_info.items()    #返回 dict_items()形式值列表
print(stud)
sti_list = list(stud)       #用函数 list()转为值列表
print("值列表:",sti_list)
```

```
runfile('D:/python/items. py')
dict_items([('name', '张明'), ('sex', '男'), ('id', 'G1001')])
值列表:[('name', '张明'), ('sex', '男'), ('id', 'G1001')]
```

4.4.4 字典函数 copy()和 update()

4.4.4.1 copy()

语法格式:

字典 1=字典 2.copy()

复制字典 2 的所有数据内容并赋给字典 1。

4.4.4.2　update( )

语法格式：

字典 1.update(字典 2)

把字典 2 的内容扩展到字典 1 中。

4.4.5　字典应用实例

例 4-23　字典 dictA ＝ {'姓名': '赵强', '年龄': 21},遍历键、值、键-值对和元素。代码如下：

```
dict_demo = {'姓名': '赵强', '年龄': 21}
for key in dict_demo.keys( ):                #遍历键
    print(key)
print("-------------")
for value in dict_demo.values( ):            #遍历值
    print(value)
print("-------------")
for key, value in dict_demo.items( ):        #遍历键-值对
    print("key=%s,value=%s" % (key, value))
print("-------------")
for item in dict_demo.items( ):              #遍历元素
    print(item)
```

运行结果如下：

```
runfile('D:/python/fordisc.py')
姓名
年龄
-------------
赵强
21
-------------
key=姓名,value=赵强
key=年龄,value=21
-------------
('姓名', '赵强')
('年龄', 21)
```

例 4-24　用字典存储输入的姓名和电话号码并输出。代码如下：

```
meber = { }                                  #定义空字典
while True:
key = input("输入姓名:")
    if key == "q" or key == "Q":             #设置退出循环终止输入
        break
    else:
```

```
        value = input("输入电话号码:")
        meber[key] = value              #添加键-值(姓名和号码存储到字典)
        if len(value) != 11:
            value = input("不足 11 位号码! 请重新输入电话号码")
            meber[key] = value
print("姓名   号码")
for name,number in meber.items():   #遍历键-值
    print(name,number)              #输出键值
```

运行结果如下:

```
runfile('D:/python/number.py')
输入姓名:张明
输入电话号码:1388856786
不足 11 位号码! 请重新输入电话号码 13888678943
输入姓名:李芳
输入电话号码:13976345123
输入姓名:q
姓名   号码
张明 13888678943
李芳 13976345123
```

例 4-25　模拟商场自选商品加入购物车。程序如下:

```
goods = [
    {"name": "1_牙膏", "price":12.0},
    {"name": "2_牙刷", "price":3.6},
    {"name": "3_毛巾", "price":6.1},
    {"name": "4_香皂", "price":4.5},]
card={}
for i in goods:     #遍历输出所有商品
    print(i['name']+'   价格:'+str(i['price']))
while True:
    i2=input('输入要购买商品的代码:')
    if i2=='q':
        break
    for i in goods:                         #遍历获取要选购的商品
        if eval(i['name'][0]) == eval(i2):
            name=i['name']                  #选中商品存入字典 card
            if name in card.keys():         #判断是否有此商品
                card[name]['num'] += 1      #选中商品记件
            else:
                card[name]={'s_price':i['price'],'num':1} #新商品存入字典
all=0
```

```
for k,v in card.items():        #遍历已选购的商品
    n = v['s_price']            #读取单价
    m = v['num']                #读取每种商品数量
    sum = m * n                 #计算每种商品总价
    all += sum                  #计算商品总价
    print(k,"价格:%.2f 元"%v['s_price'],"数量:%d 件"%v['num'])
print("共计: %.2f 元"%all)
print('已加入购物车,请去支付! ')
```

运行结果如下:

```
runfile('D:/python/自选购物.py')
1_牙膏  价格:12.0
2_牙刷  价格:3.6
3_毛巾  价格:6.1
4_香皂  价格:4.5
输入要购买商品的代码(挑选结束按字母 q 结算):1
输入要购买商品的代码(挑选结束按字母 q 结算):2
输入要购买商品的代码(挑选结束按字母 q 结算):3
输入要购买商品的代码(挑选结束按字母 q 结算):3
输入要购买商品的代码(挑选结束按字母 q 结算):4
输入要购买商品的代码(挑选结束按字母 q 结算):q
1_牙膏 价格:12.00 元 数量:1 件
2_牙刷 价格:3.60 元 数量:1 件
3_毛巾 价格:6.10 元 数量:2 件
4_香皂 价格:4.50 元 数量:1 件
共计: 32.30 元
已加入购物车,请去支付!
```

实训与习题 4

实训 1

从键盘输入一门课程的成绩存储在列表 list1 中,统计输出本班同学该门课程的平均分、最高分、最低分并对成绩排序。

实训要点:

(1)从键盘输入任意一个学生的成绩;

(2)将输入成绩存入列表 list1 中;

(3)求列表长度;

(4)遍历列表求总分、平均分;

(5)用函数求最高分、最低分和排序。

实训 2

编写程序,设计一个字典,用户输入键和值生成字典,然后通过用户输入内容作为“键”,查找输出字典中对应的“值”。

实训要点:

(1)定义一个空字典;

(2)用循环输入键和值存入字典中;

(3)输入要查找的键;

(4)用循环遍历所有键;

(5)如果键存在则输出对应值。

习题

1.能直接修改字符串的某个字符吗?例如 s="abc",s[0]="1"可以吗?

2.输入一个字符串,输出它所包含的所有数字,如输入“23me3e”、输出“233”。

3.给定列表 lis=[2,5,3,8,10,1],对其进行升序排序并输出。

4.元组与列表有什么不同?

5.已知有列表 s=[54,36,75,28,50],请根据要求完成以下操作:

(1)在列表尾部插入元素 42;

(2)在 28 前面插入元素 66;

(3)删除并输出元素 28;

(4)将列表按降序排序。

6.使用列表生成新列表,其元素为 100 以内所有能被 3 整除的整数。

7.编写程序,生成一个包含 20 个三位随机整数的列表,将其前十个元素升序排列、后十个元素降序排列后输出。

8.在字典 person = {"zhang":19,"wang":36,"li":20,"zhao":22}中编程找到年龄最大的人并输出。

5 函数和模块

函数是一段可以重复多次调用的代码，通过输入的参数值，返回需要的结果。函数可以看作一段具有名字的子程序，可以在需要的地方调用执行，不需要在每个执行的地方重复编写这些语句。每次使用函数可以提供不同的参数作为输入，以实现对不同数据的处理；函数执行后，还可以反馈相应的处理结果。

Python 语言把一个问题划分成多个模块，分别对应一个函数，一个 Python 语言程序往往包含多个函数。Python 安装包也自带了一些函数，包括 Python 内置函数、Python 标准库中的函数（如 math 库中的 random()）等。有些函数是用户自己编写的，被称为自定义函数。

■本章学习要点

(1) 函数的定义和调用；
(2) 函数的参数设置及返回语句；
(3) 函数参数传递；
(4) 局部变量和全局变量；
(5) 函数的嵌套；
(6) 递归函数；
(7) lambda 函数；
(8) 模块的创建与调用。

5.1 函数的基本操作

函数的基本操作一般分为函数定义、函数调用、函数执行和函数返回值四个步骤。在函数的实际使用中，Python 内置函数和程序中自定义的函数，都可以直接调用；标准库中的函数和保存在模块中的自定义函数,需要导入后再调用。函数执行过程中常常需要传递参数,程序中的每个变量都有各自的作用域,函数调用后执行的结果,可以是返回一个值,也可以是程序直接运行的结果。

5.1.1 函数的定义

Python 使用 def 保留自定义一个函数,需要确定函数的名字、参数的名字、参数的个数,使用参数名称作为形式参数(占位符)编写函数内部的功能代码。语法形式为:

```
def 函数名(参数 1,参数 2,……):
    函数体
return 返回值列表
```

(1)函数名称与变量的命名规则一样。

(2)参数可以有一个或多个,参数之间用逗号隔开,每一个参数都是函数的内部变量,这类参数被称为函数的形式参数,简称“形参”。形式参数规定了函数需要传递的数据值个数,可以有零个、一个或多个,当没有参数时也要保留圆括号。

(3)括号后面以冒号结束,冒号下面就是函数体。函数体是函数每次被调用时执行的代码,由一行或多行语句组成,它们保持缩进。

(4)保留字 return 语句用来结束函数,决定是否返回函数运行的结果,并将程序返回到函数被调用的位置继续执行。一般函数计算后总有一个值,当需要返回值时,return 将返回值返回放置到函数被调用的位置。函数可以同时返回多个值,返回多个值时用逗号分开,可以使用一个变量或多个变量保存结果,其实就是一个元组;不需要返回值时,则可以没有 return 语句。如果没有返回值,则默认返回 None。

例 5-1 定义一个函数求整数 n 的阶乘(n!)。代码及运行结果如下:

```
idef fac(n):          #函数名为 fac
    s = 1                        #函数体语句,定义函数内部变量 s
    for i in range(1, n+1):  #函数体语句,遍历 range 函数产生的 n 个整数
        s *= i                       #函数体语句,s 累乘
    return s        #返回 s 的值
N = fac(30)                          #传递实参 30 调用 fac(),并将结果赋给 N
print("30! =",N)            #输出函数的值

runfile('D:/python/def.py')
30! = 265252859812191058636308480000000
```

5.1.2 调用函数

定义后的函数不能直接运行,需要经过“调用”才能运行。调用自己编写的函数就像调用 Python 语言内置函数一样。有返回值的函数可以放在任何一个合适的表达式中去计算,当然也可以单独作为一条语句执行;而没有返回值的函数不能用在任何一个表达式中去参加计算,只能作为单独的一条语句执行。

函数的调用采用函数名加一对圆括号的方式,调用的一般形式如下:

函数名(实参 1,实参 2,……)

圆括号内的参数是传递给函数的实际值，是要传入函数内部的参数，这类参数被称为实际参数，简称“实参”。在调用函数功能时，当传递多个参数时各参数由逗号分隔，对函数的各个实际参数赋予实际值，实际值既可以是实际数据，也可以是在调用函数前已经定义过的变量。函数被调用后，使用实际参数参与函数体中内部代码的运行。

程序调用一个函数需要执行以下 4 个步骤：

(1)调用程序在调用处暂停执行；

(2)在调用时将实参复制传递给函数的形参；

(3)执行函数体语句；

(4)函数调用结束给出返回值，程序回到调用前的暂停处继续执行。

如例 5-1 中第 6 行代码就是传递实参 30 给形参 N，调用函数求 30!。

5.1.3 函数的参数传递

Python 中函数的参数主要有位置参数、默认参数、关键字参数和可变参数四种。

5.1.3.1 位置参数传递

位置参数是在调用函数时，必须按照被调用函数中形参定义的准确位置来传递实参。实参是基本数据类型。

例 5-2 在下列求一元二次方程 $ax^2+bx+c=0$ 的函数中，实参 6,20,8 的顺序必须与 a、b、c 三个形参的位置对应，否则求解结果不同。程序代码及运行结果如下：

```
import math                    #导入 math 包
def fabc(a,b,c):                    #定义函数名为 fanc
    if a! = 0:                 #a 不等于 0 的选择
        d = b*b-4*a*c
        if d>0:                #大于 0 有两个实根
            d = math.sqrt(d)
            x1 = (-b+d)/(2/a)
            x2 = (-b - d) /( 2 / a)
            print("x1= ",x1,"x2=",x2)
        elif d == 0:           #有一个实根
            print("x1,x2= ", -b/(2/a))
        else:
            print("无实数解")
    else:
        print("不是一元二次方程")
    return                                    #无返回值

print(fabc(6,20,8))            #调用函数传递实参 6,20,8 并输出返回值
```

```
runfile('D:/python/def 二次方程.py')
x1= -0.4648162415120036 x2= -2.86851709182133
None
```

5.1.3.2 默认参数传递

函数的参数在定义时可以指定默认值,默认参数为设置函数的参数值提供了参考。调用函数时,默认参数的值既可传也可不传。默认参数只能出现在位置参数的后面,否则会报错。如果没有传入对应的参数值,则使用函数定义时的默认值代替实参。例如求 a+b＊c 的函数代码及两次调用结果如下:

```
1  def abc(a,b,c = 2):        #a、b 为位置形参,c 为默认参数
2      return a + b * c
3
4  print(abc(2,3))           #2 传给 a,3 传给 b,没有传递实参给 c,使用默认值
5  print(abc(2,3,5))         #2 传给 a,3 传给 b,5 传给 c,不使用默认值

runfile('D:/python/defabc.py')
8
17
```

在函数中设置了默认参数 c=2,执行第 4 行调用函数时,实参 2 按位置传给形参 a,实参 3 按位置传给形参 b,没有传递实参给 c,c 使用默认值 2;执行第 5 行调用函数时,实参 2 和实参 3 分别按位置传给形参 a 和形象 b,实参 5 传递给形参 c,没有使用默认值。

5.1.3.3 关键字参数传递

关键字参数调用指的是在调用函数时,根据每个参数的名字传递参数,关键字并不用遵守位置的对应关系来传值。例如,定义一个 abc 函数,调用时使用关键字参数调用。代码及两次调用结果如下:

```
1  def abc(a,b,c = 2):        #a,b 为位置形参,c 为默认参数
2      return a * b + c
3
4  print(abc(1,c = 3,b = 5))      #1 按位置传给 a,3 和 5 分别按关键字参数名字传递

runfile('D:/python/defabc.py')
8
```

执行第 4 行调用函数时,实参 1 按位置传给形参 a, 实参 3 按关键字参数 c 传给形参 c,没有使用默认值 2;实参 5 按关键字参数 b 传给形参 b。关键字参数 c 和参数 b 并没有受函数定义时 b 和 c 原来的位置限制。

5.1.3.4 可变参数传递

可变参数是指传入的参数个数是可变的,可以是 0 个到任意一个。定义函数时,有时候不确定调用时会传递多少个参数,可以在定义任意数量的位置参数时,用加一个星号前缀(＊)来表示可变参数。在传递参数的时候,可以在原有的参数后面添加 0 个或多个参数,调用函数时,所有这些参数将会收集在元组中并传入函数。在定义函数时,还通过加两个星号(＊＊)前缀来表示可变参数。在调用函数时,使用关键字参数传递,所有这些关键字参数和值都将被收集在字典中。带单星号或双星号的可变参数必须定义在位置参数或关键字参数之后,即可变参数永远要放在参数的最后面。例如经下列函数代码

输出参数传递结果：

```
1  def printAB(a, *b, **c): #定义函数 printAB,设置一个位置参数和带 * 的可变参数 b
2      print("接收实参的 a =",a)  #输出位置参数 a 的值
3      print("接收多个实参的 b =",b)  #可变参数 b 的值
4      print("接收关键字实参的 c =",c)  #可变参数 c 的值
5      return
6
7  printAB(10)                          #调用函数,传 1 个值给 a,不传值给可变参数 b
8  printAB(70, 60, 50,b=5,c=8)  #调用函数,按位置传 1 个值给 a,传 2 个值给可变参数 b,2 个关键字参数及值传给可变参数 c
```

```
runfile('D:/python/可变参数.py')
接收实参的 a = 10
接收多个实参的 b = ()
接收关键字实参的 c = {}
接收实参的 a = 70
接收多个实参的 b = (60, 50)
接收关键字实参的 c = {'b': 5, 'c': 8}
```

在第 1 行代码中,设置了位置参数 a,并给位置形参 b 加了一个 * 前缀,表示调用函数 printAB()时,可以传递任意一个位置实参给可变形参 b,并在内存中以元组数据类型存储;在 c 前加双星号 **,表示调用函数时,可以传递任意一个关键字实参给可变形参 c,并在内存中以字典数据类型存储。

当执行第 7 行代码时,只传递了一个位置对数,对应传给了 a,没有传实参给可变参数 b 和 c,b 为空元组,c 为空字典。

执行第 9 行代码后,按位置 70 传给 a,60 和 50 传给可变形参 b 收集在元组中,关键字实参 b、c 及值传给可变形参 b 收集在字典中。

5.1.4 函数的变量

Python 创建、改变或查找变量名都是在命名空间中进行的,需要使用某个变量名时,应清楚地知道其作用域。一个程序的所有变量有自己的作用范围,被称为作用域,变量第一次被赋值的时候即与一个特定作用域绑定了。作用域决定了在哪一部分程序可以访问哪个特定的变量名称,定义在函数内部的变量拥有一个局部作用域,定义在函数外部的变量拥有全局作用域。

5.1.4.1 局部变量

局部变量是指在函数体内定义使用的变量,也称为内部变量。局部变量包括函数参数,是在函数内做定义说明的,其作用域仅限于函数内,离开该函数后再使用这种变量是非法的。

允许在不同的函数中使用相同的变量名,它们代表不同的对象,分配不同的单元,互不干扰,也不会发生混淆。

例 5-3　两个函数中局部变量的代码如下：

```
1  def sumA(a, b):                 #a,b 是局部变量
2       sum = a + b                   #定义局部变量 sum
3       print("sum =",sum)       #在 sumA 内部输出局部变量 sum 值
4  def sumB(a,c):                #a、c 是局部变量
5       b = 10                    #定义局部变量 b
6       sum = (a + c) * b        #在 sumB 内部定义局部变量 sum,使用局部变量 a、b、c
7       print("sum =",sum)  #在 sumB 内部输出局部变量 sum 值
8
9  sumA(2, 5)
10  sumB(3, 6)
11  print(a)          #在函数外使用局部变量会出现异常
```

在定义的两个函数中,同名的局部变量 a、b、sum 的作用域在各自函数内,在内存中是不同的存储地址,互不影响,第 11 行代码在函数外部使用报错。运行结果如下：

```
runfile('D:/python/局部变量.py')
  sum = 7
sum = 90
Traceback (most recent call last):
  File "D:\python\案例\src\test\局部.py", line 11, in <module>
    print(a)          #在函数外使用局部变量会出现异常
NameError: name 'a' is not defined
```

5.1.4.2　全局变量

在函数外定义的变量是全局变量。全局变量可以在函数体内被使用,如果在函数体内直接被赋值,则该变量就不再是原来的全局变量,而是函数内部的局部变量。例如：

```
b = 1                          #定义全局变量 b
c = 2                          #定义全局变量 c
def sum(a):                   #a 是局部变量
     c = 10                #定义局部变量 c 与全局变量 c 同名
     s = a + b + c       #函数内赋值后同名 s 是局部变量;在函数内使用全局变量 b
     print("在函数内是局部变量 s =",s)
     return   s               #返回局变量值

sum(5)
print("在函数外的全局变量 s =", s)
print("在函数外的全局变量 c =", c)
```

```
runfile('D:/python/全局变量.py')
在函数内的局部变量 s = 16
在函数外的全局变量 s = 0
在函数外的全局变量 c = 2
```

第 4 行和第 5 行代码中对全局变量 c 和 s 赋值,实际是重新定义了同名的局部变量,在函数内部的值不再是同名全局变量的值。执行第 10、11 行代码所输出的值仍然是全局变量的值,在函数内部的操作对全局变量没有影响。

如果全部变量要在函数内部赋值使用,需要提前使用保留字 global 声明。在函数内部声明这个变量为 global 变量,函数内部用的就是主程序的全局变量了。当在函数中改变了全局变量的值时,会直接影响到主程序这个变量的值。一般应该尽量避免使用 global 声明全局变量,因为全局变量会导致程序的可读性差。全局变量语法格式为:

global 变量 1,变量 2,……

例 5-4　定义全局变量 b。程序代码及运行结果如下:

```
1   a = 1            #赋值定义全局变量 a
2   b = 0            #赋值定义全局变量 b
3   def A(a):
4       global b     #在 A 函数中声明 b 为全局变量
5       b=5              #在 A 函数内对全局变量 b 赋新值
6       a +=1            #在 A 函数内赋值定义与全局变量 a 同名的局部变量 a
7       print("在 A 函数(),内局部变量 a =",a,"全局部变量 b =",b)
8   def B(a):
9       a -=1            #在 B 函数内赋值定义与全局变量 a 同名的局部变量 a
10      b=100            #在 B 函数定义局变量 b
11      print("在 B 函数(),内局部变量 a =",a,"局部变量 b =",b)
12
13  A(10)        #调用 A 函数并传递实参 10 给 a
14  B(10)        #调用 B 函数并传递实参 10 给 a
15  print("在函数外,a =",a,"b =",b)

runfile('D:/python/global.py')
在 A 函数(),内局部变量 a = 11   全局部变量 b = 5
在 B 函数(),内局部变量 a = 9   局部变量 b = 100
在函数外,a = 1   b = 5
```

在程序代码中,第 4 行声明 b 为全局变量,可以在 A 函数()内对 b 赋值,且赋值后 b 仍为全局变量,与函数外对 b 赋值效果一样。但是,在 B 函数()内再次对 b 赋值 100,b 在 B 函数()内是同名的局部变量,作用域仅是 B 函数()内。执行第 15 行的结果显示,全局变量 b 的值 5 是在 A 函数()内用 global 声明后赋值的运算结果,而在 B 函数()内的局部变量 b=100 对全局变量 b 没有影响。

5.2　函数的嵌套

Python 允许在函数中定义另外一个函数,这就是通常所说的函数嵌套。定义在其他函数内部的函数被称为内建函数,而包含内建函数的函数被称为外部函数。内建函数中的局部变量独立于外部函数,如果想使用外部函数的变量,则需要声明该变量为全局变量。函数嵌套的层数不宜过多,否则容易造成程序代码的可读性差、不易维护等问题。

例 5-5　定义一个求均值的函数,先计算数值的和,在求均值函数的内部内建一个求和函数。程序代码及运行结果如下:

```
1  def avg_3(x,y,z):                #定义求三个数平均值的函数
2      def sum_3(a,b,c):            #内建函数求和函数
3          s = a + b + c            #内建函数体
4          return s                 #返回三个数之和
5      avg = sum_3(x,y,z)/3         #调用内建函数 sum_3 求平均值
6      print("三个数的平均值 =",avg)
7      return
8
9  avg_3(10,20,30)                  #调用函数 avg_3
```

```
runfile('D:/python/def嵌套.py')
三个数的平均值 = 20.0
```

在程序代码中,第 5 行调用内建函数 sum_3,这里的 x、y、z 既是外层函数 avg_3 的形参,又代表传给内建函数 sum_3 的实参。

5.3　递归函数

在函数定义中,调用函数自身的方式被称为递归。递归函数可以在函数主体内直接或间接地调用自己,即函数的嵌套是函数本身。递归是一种程序设计方法,使用递归可以减少重复的代码,使程序变得简洁。

数学上有个经典的递归例子叫作阶乘,计算阶乘是一个经典的递归实现。阶乘通常定义如下:

$$n! = n(n-1)(n-2)\cdots(1)$$

为了实现这个程序,可以通过一个简单的循环累积去计算阶乘。观察 5! 的计算,如果去掉了 5,那么就剩下计算 4!,推广来看,n! = n(n-1)!。实际上,这个关系给出了另一种表达阶乘的方式:

$$n! = \begin{cases} 1 & n = 0 \\ n(n-1)! & 其他 \end{cases}$$

这个定义说明 0 的阶乘按定义是 1,其他数字的阶乘定义为这个数字乘以比这个数字小 1 的阶乘。递归不是循环,因为每次递归都会计算比它更小数的阶乘,直到 0!。

递归函数需要编写递归结束的条件;否则,递归程序将无法结束。一般通过判断语句来结束程序。

例 5-6　求整数阶乘(n!)的程序代码及运行结果:

```
def fac(n):
    if n == 0 :                  #结束递归的条件
```

```
3            return 1
4        else:
5            return n * fac(n-1)           #返回递归的结果
6
7    m = int(input("输入一个整数:"))
8    print(fac(m))                         #调用函数
```

```
runfile('D:/python/def 递归.py')
输入一个整数:10
3628800
```

在程序代码第 5 行中，fac()函数在其定义内部引用了自身，形成了递归过程。通过 if 语句设置了 n 为 0 时，fac()函数不再递归，返回数值 1，如果 n!=0，则通过递归返回 n 与 n-1 阶乘的乘积。

递归的过程分为递推和回归两个阶段。递归函数的原理如下：

第一阶段，递归函数在内部调用自己。每一次函数调用又重新开始执行此函数的代码，直到某一级递归程序结束。

第二阶段，递归函数从后往前返回。递归函数从最后一级开始返回，一直返回到第一次调用的函数体内。即递归逐级调用完毕后，再按照相反的顺序逐级返回。具体分析 5！的递归过程如图 5-1 所示。

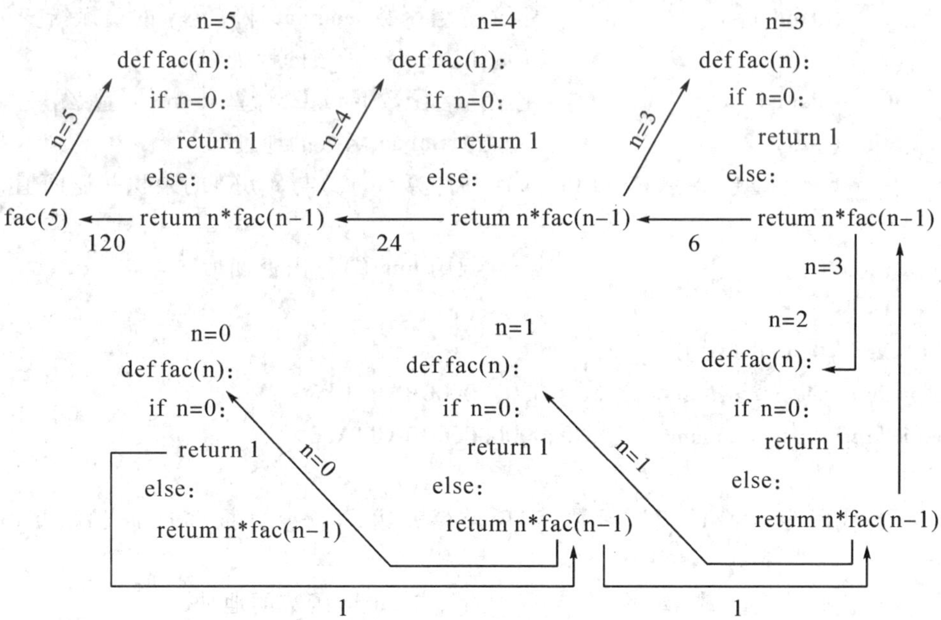

图 5-1　5！的递归过程

5.4 lambda 函数

lambda 函数用于创建一个匿名函数，函数名未和标识符进行绑定。使用 lambda 函数可以返回一些简单的运算结果。lambda 函数的格式为：

lambda 变量 1，变量 2，…：表达式

其中，变量列表用于表达式的计算。lambda 属于函数，因此，变量列表后需要一个冒号。通常把 lambda 赋值给一个变量，变量就可作为函数使用。

例如：计算表达式(x + y) * (m - n)的值。

问题分析：

普通方法是定义函数 sum( )和 sub( )分别计算和与差，再定义一个计算积的函数求结果。用 lambda 函数的 func = lambda 变量 1，变量 2，…：表达式，定义匿名函数 lambda，把表达式的值赋给 func( )，然后调用 func( )，就把 lambda 和变量 func 绑定在一起了，变量 func 的名称就是函数名。程序代码及运行结果如下：

```
1  def func( ):
2       x = 1
3       y = 2
4       m = 3
5       n = 4
6       sum = lambda x,y : x + y      #定义匿名函数 lambda,计算 x+y 的值赋给变量 sum
7       print (sum)                   #输出 lambda 函数的地址
8       sub = lambda m,n : m - n      #定义匿名函数 lambda,计算 m-n 的值赋给变量 sub
9       print (sub)                   #输出 lambda 函数的地址
10          return sum(x,y) * sub(m,n)   #计算 sum( )与 sub( )的乘积并返回值
11
12  print(func( ))                    #调用 func( )输出返回值
```

```
runfile('D:/python/def 递归.py')
<function func.<locals>.<lambda> at 0x000000000BAB4BF8>
<function func.<locals>.<lambda> at 0x000000000BAB4A60>
-3
```

第 6 行代码定义了 lambda 函数，实现计算表达式 x+y，并把 lambda 函数赋值给变量 sum；

第 7 行代码输出变量 sum 的值，sum 保存了 lambda 函数的地址；

第 8、9 行代码的作用与第 6、7 行的原理相同；

第 10 行代码计算 sum( )与 sub( )的乘积。

5.5 模块

Python 的程序是由一个个模块组成的。模块是最高级别的程序组织单元,它能够将程序代码和数据封装以便重用。Python 包含了数量众多的模块,可以实现不同功能和应用。模块往往对应了 Python 的脚本文件(. py),包含了所有该模块定义的函数和变量。模块可以被别的程序导入,以使用该模块的函数等功能,这也是使用 Python 标准库的方法。库是具有相关功能模块的集合。Python 的一大特色是具有强大的标准库、第三方库以及自定义模块。导入模块后,在该模块文件中定义的所有变量名都会以被导入模块对象的成员形式被调用。

5.5.1 模块的创建

把一组相关的函数或代码组织到一个文件中,创建一个扩展名为 py 的文件,就创建了一个函数模块,实际是对代码的封装,以方便重用。例如,把求 n! 的如下代码定义为一个名为 jc 的模块:

```
def fac(n):                #定义函数 fac(n)求 n!
    if n == 0 :                #结束递归的条件
        return 1
    else:
        return n * fac(n-1)            #返回递归的结果
```

在当前目录下保存为 jc. py,就创建好了一个名为 jc 的函数模块。jc 是该模块唯一的名称空间,导入 jc 模块即可调用该模块的求整数阶乘函数 fac(n)。

5.5.2 模块的调用

5.5.2.1 导入和使用模块

Python 提供了数量众多的模块供调入使用,以实现不同功能和应用。使用 import 语句就可以导入一个模块及相关属性,通过句点属性的访问方式调用。由于每个模块都定义了它自己的唯一的名称空间,所以不同模块间不会出现名称交叉现象,即使两个模块里有相同名称变量,由于模块名称的不同,也不会发生名称冲突。要使用模块中的函数,一般是先导入模块,然后用模块调用函数。

导入模块用关键字 import,格式为:

import 模块名列表

调用模块中函数的格式为:

模块名.函数名(参数)

导入多个模块时,模块名之间用逗号分开。解释器执行 import 语句时,如果在搜索路径中找到该模块,就会进行加载。该过程遵循以下原则:

(1)如果在一个模块的顶层导入,它的作用域是全局的;

(2)如果在函数中导入一个模块,它的作用域是局部的;

(3)如果模块是第一次被导入,它将加载并执行。

例 5-7　导入 jc 模块求 30!。程序代码及运行结果如下：

```
import jc                #导入模块 jc
a =jc.fac(30)            #调用模块 jc 的函数 fac(n),并将结果赋给 a
print(a)
```

```
runfile('D:/python/importJc. py')
265252859812191058636308480000000
```

5.5.2.2　直接导入指定函数

可以用关键字 from 直接指定导入模块中的函数,导入后直接使用函数而不需要用模块名加句点来使用函数。其格式为：

from 模块名 import 函数名

例 5-7 可改写为：

```
from jc import fac       #直接导入模块 jc 中的函数 fac
a = fac(30)              #调用时就不需要用模块 jc 加句点调用函数 fac(n)
print(a)
```

5.5.2.3　指定别名导入

(1)指定函数别名

如果导入的函数名称可能与程序中现有的名称冲突,或者名称太长,可用 as 语句在直接导入时给函数指定别名,指定别名并不会改变模块函数的内部代码。其格式为：

from 模块名 import 函数名 as 函数别名

在例 5-7 中,模块名为 jc,其函数名为 fac,可以用 as 语句指定函数的别名为 m,代码改写为：

```
from jc import fac as m     #直接导入模块 jc 中的函数 fac 指定别名为 m
a = m(30)                   #调用时就直接用别名函数 m(n)
print(a)
```

(2)指定模块别名

导入模块也可以用 as 语句指定别名。其格式为：

import 模块名 as 模块别名

如在例 5-7 中可指定模块别名：

```
import jc  as  s         #导入模块 jc 指定别名为 s
a =s.fac(30)             #用别名 s 调用函数 fac(n)
print(a)
```

5.6　应用实例

例 5-8　编写函数 f(n),实现输入 n 的值,求出 n 的阶乘;然后,调用此函数计算 1!+2!+3!+…10! 的结果,输出到屏幕上。

问题分析:可用例 5-6 递归函数求整数阶乘(n!)的方法定义函数 f(n),然后调用函数 f(n)求和。本例用 for 循环求解。

```
def f(n):           #定义 f(n)计算 n!
    count = 1;
    for i in range(1,n+1):    #for 循环实现与递归相同结果
        count =count * i
    return count
def main():             #定义主函数 main()
    sum = 0
    n = int(input("请输入一个整数 n = "))
    for i in range(1,n+1):
            sum = sum + f(i)
    print(sum)

main()  #调用主函数
```

运行结果如下：

```
runfile('D:/python/defn.py')
请输入一个整数 n = 21
53652269665821260313
```

例 5-9　编写程序,当输入一个正整数 n 时,求出 n 以内能被 17 整除的最大整数。

问题分析:17 以内的数不能被整除,用 if 语句排除;函数设置默认参数 m=17,从键盘输入整数 n 传递给函数;用 range 函数设置 for 循环次数,用(n-i)%m, 从 n 开始判断第一个能被 17 整除的最大数,如果是,则输出结果并退出循环。程序代码及运行结果如下:

```
def numb(n, m = 17):
    if m>n:            #判断输入的数是否大于 17
        print('输入的{} 小于 {}'.format(n, m))
    else:
        for i in range (n-m+1):   #range 函数设置循环次数
            if (n - i)%m == 0:     #从大到小判断第一个被整除的数
                print("%d"%n,"以内能被 17 整除的最大整数是:",n-i)
                break

a = int(input("输入一个整数 n = "))
numb(a)
```

```
runfile('D:/python/defn.py')
n = 156
156 以内能被 17 整除的最大整数是: 153
```

例 5-10　设计一个学生信息管理系统，用列表存储输入的学生姓名、学号和年龄信息。设置如下功能：添加学生信息、删除学生信息、修改学生信息、查询指定学号的学生信息、查询全部学生信息、退出系统。其中，修改学生信息功能细分为修改姓名、学号、年龄、退出修改。程序如下：

```
def showInfo():      #定义一个显示功能列表的函数
    print("-" * 30)
    print("      学生管理系统   ")
    print(" 1.添加学生的信息")
    print(" 2.删除学生的信息")
    print(" 3.修改学生的信息")
    print(" 4.查询学生的信息")
    print(" 5.查询所有学生的信息")
    print(" 6.退出系统")
    print('-' * 30)
students = []       #定义一个列表存储多个学生的信息
while True:
    showInfo()   #调用函数显示用户功能
    key = int(input("请选择功能(序号):"))   #提示用户选择功能
    if key == 1:            #选择 1 时运行添加功能
        print("您选择了添加学生信息功能")
        name = input("请输入学生姓名:")
        stuId = input("请输入学生学号(学号不可重复):")
        age = input("请输入学生年龄:")
        #验证学号是否唯一
        i = 0
        leap = 0
        for temp in students:
            if temp['id'] == stuId:
                leap = 1
                break
            else:
                i = i + 1
        if leap == 1:
            print("输入学生学号重复,添加失败!")
            break
        else:
            # 定义一个字典,存放单个学生信息
            stuInfo = {}
            stuInfo['name'] = name
            stuInfo['id'] = stuId
```

```
                stuInfo['age'] = age
                students.append(stuInfo) #单个学生信息添加到列表
                print("添加成功!")
        elif key == 2:     #输入 2 时运行删除功能
            print("您选择了删除学生功能")
            delId=input("请输入要删除的学生学号:")
            i = 0             #i 记录要删除的下标
            leap = 0          #leap 为标志位,如果找到 leap=1,否则为 0
            for temp in students:
                if temp['id'] == delId:
                    leap = 1
                    break
                else:
                    i=i+1
            if leap == 0:
                print("没有此学生学号,删除失败!")
            else:
                del students[i]
                print("删除成功!")
        elif key == 3:     #输入 3 时运行修改功能
            print("您选择了修改学生信息功能")
            alterId=input("请输入你要修改学生的学号:")
            i = 0
            leap = 0
            for temp in students:
                if temp['id'] == alterId:   #判断学号是否存在
                    leap = 1
                    break
                else:
                    i = i + 1
            if leap == 1:          #要修改学号,则进入修改选项
                while True:
                    alterNum=int(input(" 1.修改学号\n 2.修改姓名 \n 3.修改年龄 \n 4.退出修改\n"))
                    if alterNum == 1:
                        newId=input("输入更改后的学号:")
                        #修改后的学号要验证是否唯一
                        i = 0
                        leap1 = 0
                        for temp1 in students:
```

```
                        if temp1['id'] == newId:
                            leap1 = 1
                            break
                        else:
                            i = i + 1
                    if leap1 == 1:
                        print("输入学号不可重复,修改失败!")
                    else:
                        temp['id']=newId
                        print("学号修改成功")
                elif alterNum == 2:
                    newName=input("输入更改后的姓名:")
                    temp['name'] = newName
                    print("姓名修改成功")
                elif alterNum == 3:
                    newAge=input("输入更改后的年龄:")
                    temp['age'] = newAge
                    print("年龄修改成功")
                elif alterNum == 4:
                    break
                else:
                    print("输入错误请重新输入")
        else:
            print("没有此学号,修改失败!")
    elif key == 4:        #输入 4 时运行查询功能
        print("您选择了查询学生信息功能")
        searchID=input("请输入你要查询学生的学号:")
        #验证是否有此学号
        i = 0
        leap = 0
        for temp in students:
            if temp['id'] == searchID:
                leap = 1
                break
            else:
                i = i + 1
        if leap == 0:
            print("没有此学生学号,查询失败!")
        else:
            print("找到此学生,信息如下:")
```

```
                print("学号:%s\n 姓名:%s\n 年 117 龄:%s\n"%(temp['id'],temp['name'],temp['age']))
    elif key == 5:      #输入5遍历并输出所有学生的信息
        print('*'*20)
        print("接下来查询所有的学生信息…")
        print("id        姓名           年龄")
        for temp in students:
            print("%s    %s    %s"%(temp['id'],temp['name'],temp['age']))
        print("*"*20)
    elif key == 6:          #输入6退出
        quitcon = input("真的要退出么(y或者n)???")
        if quitcon == 'y':
            print("欢迎使用本系统,谢谢")
            break
    else:
          print("您输入有误,请重新输入")
```

运行结果如下:

```
runfile('D:/python/学生信息管理系统.py')
------------------------------
    学生管理系统
1.添加学生的信息
2.删除学生的信息
3.修改学生的信息
4.查询学生的信息
5.查询所有学生的信息
6.退出系统
------------------------------

请选择功能(序号):1
您选择了添加学生信息功能
请输入学生姓名:李芳
请输入学生学号(学号不可重复):1234
请输入学生年龄:20
添加成功!
------------------------------
    学生管理系统
1.添加学生的信息
2.删除学生的信息
3.修改学生的信息
4.查询学生的信息
```

```
5.查询所有学生的信息
6.退出系统
-------------------------------

请选择功能(序号):1
您选择了添加学生信息功能
请输入学生姓名:张明
请输入学生学号(学号不可重复):1123
请输入学生年龄:21
添加成功!
-------------------------------
    学生管理系统
1.添加学生的信息
2.删除学生的信息
3.修改学生的信息
4.查询学生的信息
5.查询所有学生的信息
6.退出系统
-------------------------------
请选择功能(序号):3
您选择了修改学生信息功能
请输入你要修改学生的学号:1234
1.修改学号
2.修改姓名
3.修改年龄
4.退出修改
1
输入更改后的学号:1124
学号修改成功
1.修改学号
2.修改姓名
3.修改年龄
4.退出修改
4
-------------------------------
    学生管理系统
1.添加学生的信息
2.删除学生的信息
3.修改学生的信息
4.查询学生的信息
```

5.遍历所有学生的信息
6.退出系统

请选择功能(序号):5
****
接下来进行遍历所有的学生信息…
id　　　　姓名　　　年龄
1124　　　李芳　　　20
1123　　　张明　　　21
****

　　学生管理系统
1.添加学生的信息
2.删除学生的信息
3.修改学生的信息
4.查询学生的信息
5.遍历所有学生的信息
6.退出系统

请选择功能(序号):6
真的要退出么(y或者n)??? y
欢迎使用本系统,谢谢!

实训与习题5

实训

从键盘输入一门课程的成绩存储在列表list1中,统计输出本班同学该门课程的平均分、最高分、最低分并对成绩排序。

实训要点:

(1)定义一个函数实现键盘输入任意一个学生的成绩,并将输入成绩存入列表list1中;

(2)定义一个函数求学生人数;

(4)定义两个函数分别求总分、平均分返回值,并将学生人数作为实参传递;

(5)定义三个函数分别求最高分、最低分和排序;

(6)用主函数调用以上函数求出结果。

习题

1.使用函数的好处是什么？

2.如何定义一个函数？如何调用一个函数？

3.编写函数 showMsg(n,name)，它可以输出 n 行的字符串“Happy Birthday ***”，如果“***”为小强，则输出 n 行的“Happy Birthday 小强”。

4.编写函数 avg(a,b,c)，它可以返回 a、b、c 的整数平均值（a+b+c)/3)，调用 avg(a、b、c)函数，求每个学生的平均成绩。已知成绩列表 s={‘张明’:[77,54,57],’李芳’:[89,66,78],’陈强’:[90,93,80],’赵刚’:[69,58,93]}。

5.编写函数 avg(lst)，参数 lst 是一个列表。函数可以返回 lst 的整数平均值：return int(sum(lst)/len(lst))，调用 avg(lst)函数求每个学生的平均成绩。已知成绩列表 s={‘小李’:[77,54],’小张’:[89,66,7899],’小陈’:[90],’小杨’:[69,58,93]}。

6.现有一个字典存放学生的学号和成绩。成绩列表里的 3 个数据分别是学生的语文成绩、数学成绩和英语成绩：

Dict={‘01’:[67,88,45],’02’:[97,68,85],’03’:[97,98,95],’04’:[67,48,45], ’05’:[82,58,75], ’06’:[96,49,65]}。完成以下操作：

(1)编写函数，返回每门成绩均大于或等于 85 分的学生的学号；

(2)编写函数，返回每一个学号对应的平均分(sum 和 len)与总分，结果保留两位小数；

(3)编写函数，返回按总分升序排列的学号列表。

7.用递归方法求数列“1,1,1,3,5,9,17,31”的前 20 项。

6 Python 面向对象编程

面向对象编程即面向对象进行程序设计，面向对象就是从对象的角度观察、了解、认识世界。在面向对象编程中，以“对象”为中心，以功能来划分问题，以类来构造现实世界中的事物情景，再根据类来创建对象，把构成问题的事物分解成各个对象，每个对象都会自动带有类的属性和特点，还可以按照实际需要赋予每个对象特有的属性。

Python 支持面向过程、面向对象、函数式编程等编程范式。Python 不强制使用任何一种编程范式，对中型项目和大型项目来说，面向对象编程有很多优势。

■本章学习要点

(1) 类、对象及属性概念；
(2) 类与对象的创建；
(3) 属性变量的操作；
(4) 方法的创建和调用；
(5) 构造方法的使用；
(6) 类的继承关系。

6.1 类和对象

从程序设计的角度看，客观世界是由一个个事物即对象构成的，客观世界中的任何事物都是对象，不管是有生命的还是无生命的、具体的还是抽象的，都可以看作对象。人眼能够观察到的事物是对象，比如一个人、一棵树、一辆车、一只猫等都是对象。观察不到的事物，如一个项目、一个计划、大脑中的一个想法，都是一个对象。类是对某一类事物的共性描述，是对客观世界中对象的抽象，在众多的事物中通过分析、归纳和抽象可以得到不同的类。对象用来描述客观事物的概念，是对类实例化后的实体。对象具有的各种特征称为属性,不同的对象的属性值经常是不同的。每一个对象都有两个特征,一个是属性,另一个是行为。例如,两个学生对象具有以下静态特征和行为:

学生对象张明具有:

静态特征:姓名张明、性别男、年龄 19 岁。

行为:上课、考试、打球。

学生对象李芳具有:

静态特征:姓名李芳、性别女、年龄 18 岁。

行为:上课、考试、唱歌。

类是对同一类对象的属性和行为的封装。张明和李芳具有共同的特征和行为,从张明和李芳等对象抽象出一个类称为学生类,用学生类来描述学生类各对象的共性[如共性特征(静态属性):姓名、性别、年龄等;共同行为:上课、考试等]是对这些属性和行为的封装。对象张明和李芳是学生类的实例,具有共同的学生类属性结构及自身的属性。

6.1.1 类的定义

面向对象技术是从对象的角度观察和认识世界,但是对象属于类,所以必须先定义类,再由类生成对象。

6.1.1.1 定义类

定义类是通过 class 关键字,类名通常是大写开头的单词,由缩进的语句块组成。

定义一个类的格式:

```
class 类名:
    类体
```

类体由属性变量和方法两部分构成,类中属性用变量来表示,类中函数通常称为方法。属性可以分为类属性和实例属性。一个类所有对象共有的属性称为类属性,也称为成员属性。类中属性属于一个类中所有对象,不会只在某个实例上发生变化。Python 定义类中的变量跟其他变量一样是通过赋值来完成的。表示类属性的变量称为类变量或成员变量,成员变量可以由该类的所有实例共享。对象属性用实例变量来表示,实例变量可以用 self 来定义,实例变量表示特定的实例的属性。

例如:定义一个具有姓名和学号属性的学生类。代码如下:

```
1 class Student:            #定义了 Student 类
2     xm = '张三'                    #类属性用类变量表示
3     xh = '000'                     #类属性用类变量表示
4     def st(self):                 #定义了类方法,self 是类方法必须有的参数
5         self.xm ='张明'            # 方法体的赋值语句表示对象属性
6         self.xh = '001'            #方法体的赋值语句表示对象属性
7         print(self.xm, self.xh))  #方法体的输出语句
8   return                          #返回语句
```

第 1 行定义学生类名为 Student 申请内存空间。

第 2、3 行是类体的属性部分,通过赋初始值“张三”定义 Student 的类变量 xm 表示姓名属性,赋初始值“000”定义 Student 的类变量 xm 表示学号属性。

第 4 至 8 行是类体的方法部分,方法名为 st,self 是形式参数。第 5 至 7 行为方法体

语句,其中,第 5、6 行用 self.变量名表示实例变量 xm、xh,用来定义实例的属性。第 8 行为方法的返回语句。

6.1.1.2 定义和调用对象方法

方法是对象的行为,用来进行数据处理,数据处理后应该将处理的结果返回到调用当前方法的语句。在 Python 中,方法是与类相关的函数,常见的有对象方法、类方法和静态方法。类的对象方法是与某个对象相互关联的函数,是对象编程中常用的方法,也称为成员方法或普通方法。

(1)定义方法

一个类中可以定义多个方法,对象方法的定义方式和函数一样,与函数不同的是需要带有 self 参数。其格式为:

```
def 对象方法名(self,形参表列):
    方法体
    return 表达式
```

形式参数是传递给该方法的参数。当一个方法被调用时,如果需要往方法中传递数据,就可以通过形式参数先进传递。形式参数由多个参数组成,每个形式参数之间用逗号分隔。

类的对象方法至少需要 1 个参数,通常这个特殊的参数被命名为 self,用形式参数 self 代表类的任意一个对象,是因为在编写代码时并不知道要创建的对象是谁,用参数 self 代替要创建的对象占位以代表当前对象,调用方法时不必给该参数赋值,要创建的对象本身会作为第一个实际参数被自动传递过去。这是方法和函数很明显的一个区别,方法中的其他形参与函数中的形参一样接受的是实际数据。如果某个方法需要被其他实例共享,同时又需要使用当前实例的属性,应定义为对象方法。

方法体是方法功能的实现部分,包括数据处理语句等。一个方法体中可以有多条语句,当执行 return 语句后结束该方法,并返回结果。如果一个方法不返回值,则可以不写 return 语句。

(2)使用方法

方法定义后与函数一样需要调用,与函数同样有形式参数和实际参数,实际参数可以是表达式。当调用方法时,先将实际参数的表达式的值计算出来后,再将值传给形式参数。对象方法只能由对象来调用,调用对象方法的格式为:

对象名.方法名(实参列表)

例 6-1　在圆类中定义两个对象方法计算圆周长和面积。程序代码及运行结果如下:

```
class  Circle:
    r = 0                           #赋初值定义类变量 r
    def girth(self,R):         #定义圆对象计算形周长的方法,self 是必须的参数
        self.r = R                  #将实参值赋给实例变量 r
        print("圆周长 =",2 * 3.14 * self.r)       #输出周长
        return
def area(self):               #定义圆对象计算形面积的方法,self 是必须的参数
        s = 3.14 * self.r * self.r          #计算面积 s 值
        return print("圆面积 =",s)           #返回面积 s 值并输出
```

```
10 c1 = Circle ()                 #创建实例对象 c1
11 c1.girth(8)        #通过实例 c1 调用 girth()方法,传递实参 8 计算实例的周长
12 c1.area()           #通过实例 c1 调用 area()方法计算实例的面积
```

```
runfile('D:/python/对象圆方法.py')
圆周长 = 50.24
圆面积 = 200.96
```

第 3 行至第 6 行定义计算任意圆周长的对象方法 girth( )。

第 7 行至第 9 行定义计算任意圆周长的对象方法 area( )。

方法的调用过程：

执行第 11 行调用对象方法 girth( )的代码后，转去执行第 3 行代码，对象 c1 作为实参传递给了 self，self.r 成为 c1.r，实参 8 传给形参 R；

接着执行第 4 行，R 的值 8 赋给实例变量 r；

执行第 5 行计算圆周长的值并输出；

执行第 6 行结束对象方法，回到调用语句后继续执行第 12 行语句；

执行第 12 行时，对象 c1 调用方法 area( )，转去执行第 7 行至第 9 行，返回计算圆面积。

6.1.2 对象的创建

定义了类只是生成了一个类属性和对象方法的模板，程序不能处理类，用该类创建对象之后，程序处理的是类的对象，因此必须创建对象。

6.1.2.1 创建对象

创建类的对象格式为：

对象名 = 类名(实际参数表列)

执行创建对象语句时，该对象会获得一块存储空间，存储空间的地址即为对象的标识。对象的属性和方法与类的属性变量和对象方法相对应。通常，创建类的对象与创建类的实例、实例化类等说法是等价的。当一个对象被创建后，就以类为模板生成了一个实例。

创建对象后就可以使用对象了。使用对象只能通过对象名访问对象中的成员，即属性变量和成员方法。

例如，在学生类 Student 中创建一个具有该类的实例。程序代码及运行结果如下：

```
class Student:
    xm = '张三'                    #初始化类变量 xm
    xh = '000'                     #初始化类变量 xh
st1 = Student()           #创建实例 st1,此时 st1 具有实例变量 xm、xh 和初值
print(Student.xm, Student.xh)         #输出 Student 类的属性的初值
print(st1.xm,st1.xh)            #输出实例 st1 属性变量的初值
```

```
runfile('D:/python/创建对象 st1.py')
张三 000
张三 000
```

执行程序过程：

①执行第 1、2、3 行代码，Student 类获取内存空间，类变量 xm 获初值“张三”，类变量 xh 获初值“000”。

②执行第 4 行创建对象语句 st1 = Student( )，名为 st1 的对象获得内存空间，具有该类对象的共同属性结构，即与类属性变量同名的实例变量 xm、xh，成为类实例化对象。此时，实例变量指针指向类变量的类属性数据地址，实例的属性引用了类的属性，相当于该类成员的属性值作为初始值赋给了实例属性所对应的实例变量，实例变量 xm、xh 的初始值与类变量 xm、xh 的值相同，实例进行了实例变量初始化，完成了对象 st1 的创建。

③执行第 5 行代码，输出 Student 类的成员变量值。

④执行第 5 行代码，输出实例 st1 的实例变量值。

6.1.2.2 定义普通对象方法为实例变量赋值

在上例中，创建对象的语句中带参数会报错，创建对象后引用了成员变量的初始值对实例变量初始化，没有自己真正的属性值。可以在类中定义赋值的对象方法，然后调用对象方法来实现实例自己属性的赋值。

例 6-2 在学生类中定义一个对象方法，输出学生的实例属性为姓名“张赵亮”和学号“003”，同时输出当前成员变量的值。程序代码及运行结果如下：

```
1  class Student:
2  xm = '张三'
3  xh = '000'
4      def init(self,a,b):        #定义了类方法，带 self 及 2 个形参
5          self.xm = a            #对实例变量 xm 赋形参 a 接受的值
6          self.xh = b            #对实例变量 xh 赋形参 b 接受的值
7  st1 = Student( )               #创建学生实例 st1
8  st1.init('赵亮','003')         #对象 st1 传递属性实参调用 init 方法赋属性值
9  print(Student.xm,Student.xh)   #输出类的属性
10 print(st1.xm,st1.xh)           #输出实例 st1 的属性

runfile('D:/python/对象学生方法.py')
张三 000
赵亮 003
```

在上例的基础上定义了为实例变量赋值的方法 init( )。

在执行第 8 行代码后，由实例 st1 调用对象方法 init(self,a,b)，程序转去执行第 4 行代码，实例 st1 自动传给 self，将“赵亮”传给形参 a，将“003”传给形参 b。

执行第 5、6 行代码，形参 a 的值赋给实例变量 xm，形参 b 的值赋给实例变量 xh。这样，实例 st1 就有了实际的属性值。

6.1.2.3 用构造方法定义实例变量并初始化

Python 提供了构造方法__init__( )，构造方法名以两个下划线“__”开头和结尾，在定义类的过程中，定义__init__( ) 方法实现对象属性结构的构建和初始化，为类的属性设置

默认值,能够在创建对象时直接对实例变量赋给自己的属性值。每当根据类创建新实例时执行__init__方法,就为实例分配内存空间,实例就被构造出来,实例就会具有实际的属性值。而且,__init__方法会在对象构造出来后自动执行,所以__init__方法的作用首先是创建对象,其次是初始化对象。

例 6-3　定义一个学生类 Student,创建具有 xm、xh 属性的两个学生对象。程序代码及运行结果如下:

```
1  class Student:                          #定义 Student 类
2      def __init__(self,xm,xh):           #定义构造方法
3          self.xm = xm                    #定义对象属性变量
4          self.xh = xh                    #定义对象属性变量
5  st1 = Student("张明","001")             #创建对象 st1,传递实例 st1 的属性值
6  st2 = Student("李芳","002")             #创建对象 st2,传递实例 st2 的属性值
7  print(st1.xm,st1.xh)                    #输出实例 st1 的属性
8  print(st2.xm,st2.xh)                    #输出实例 st2 的属性
```

```
runfile('D:/python/构造方法.py')
张明 001
李芳 002
```

第 2 行用构造方法__init__定义对象的属性结构。

第 3、4 行用 self 参数定义对象属性变量即实例变量。

将程序保存为构造方法.py,程序运行的过程:

①执行第 1 行代码,定义类 Student。

②执行第 2 行代码,将__init__方法调入内存,并不直接执行方法体第 3、4 行代码。

③执行第 5 行代码,去执行 Student 类的__inti__方法的内部代码,将对象 st1 传给参数 self,完成对象初始化,st1 成为类的实例具有 Student 类的属性 xm 和 xh。并将实例 st1 的属性值参数"张明"传递给形参 xm,"001"传递给 xh,相当于把 st1 的这些与 Student 类本身相关联的"数据"给封装起来,完成了实例 st1 对象的创建,结束构造方法转去执行第 5 行创建 st1 对象语句后的代码。

④执行第 6 行代码,创建对象 st2,过程与执行第 5 行创建对象 st1 一样。

⑤执行第 7 行代码,输出实例 st1 的 xm、xh 属性值。

⑥执行第 8 行代码,输出实例 st2 的 xm、xh 属性值。

6.2　属性的操作

6.2.1　属性变量的操作

6.2.1.1　访问类属性

类的成员变量通过类或实例名与变量名之间加圆点来访问。访问类属性的格式为:

类名.成员变量名 或 对象名.成员变量名

例 6-4　访问输出学生类 Student 的专业属性。程序代码及运行结果如下：

```
class Student:
zy = '计算机网络技术'              #定义类变量 zy
def __init__(self,xm):            #定义构造方法
        self.xm = xm                 #定义实例变量
st1 = Student("张明")                #创建对象 st1
print("类属性:zy =",Student.zy)  #通过类名访问类变量
print("类属性:zy =",st1.zy)      #通过对象访问类变量
```

```
runfile('D:/python/访问类属性.py')
类属性:zy = 计算机网络技术
类属性:zy = 计算机网络技术
```

6.2.1.2　访问对象属性

实例变量是指在类中创建每个对象后表示实例属性的变量。对象属性存储在不同的内存空间中,它们不是共享的,在同一个类的不同实例中,即使对象的变量有相同的名称,也互不相关,如其变量值改变后,对象之间互不影响。

访问对象属性的格式为：

对象名.变量名

例 6-5　访问两个实例的姓名属性。程序代码及运行结果如下：

```
class Student:
zy = '计算机网络技术'
    def __init__(self,xm):
        self.xm = xm                 #定义实例变量
st1 = Student("张明")                #创建对象 st1
st2 = Student("李芳")                #创建对象 st2
print(st1.zy,st1.xm)  #访问输出类专业属性和实例 st1 的姓名属性
print(st2.zy,st2.xm) #访问输出类专业属性和实例 st1 的姓名属性
```

```
runfile('D:/python/访问对象属性.py')
计算机网络技术 张明
计算机网络技术 李芳
```

6.2.1.3　修改或添加类属性

在类体外可修改类属性变量的值或添加属性。如果变量名已存在则修改其值,否则作为新的属性被添加到类中,使类的每个实例都具有该属性。其格式为：

类名.类变量名 = 表达式

例 6-6　①定义学生类具有专业属性,修改专业属性;②添加所属学院属性;③创建两个只有学生姓名的对象,并输出各属性值。程序代码及运行结果如下：

```
class Student:
    zy ="计算机网络技术"
```

```
    def __init__(self,xm):
        self.xm = xm

st1 = Student('张明')
st2 = Student('李芳')
print(st1.zy,st1.xm)            #访问输出类专业属性和实例 st1 的姓名属性
print(st2.zy,st2.xm)            #访问输出类专业属性和实例 st2 的姓名属性
Student.zy ='计算机应用技术'     #修改该类的专业属性类变量 zy 的值
Student.xy = '信息学院'          #添加类变量 xy 表示该类的学院属性
print(st1.xy,st1.zy,st1.xm)
print(st2.xy,st2.zy,st2.xm)
```

```
runfile('D:/python/修改类属性.py')
计算机网络技术 张明
计算机网络技术 李芳
信息学院 计算机应用技术 张明
信息学院 计算机应用技术 李芳
```

6.2.1.4 修改或添加实例属性

与类变量一样,在类体外可修改实例属性变量的值或添加属性。如果实例变量名已存在则修改其值,否则作为新的实例属性被添加到对象中,使该实例具有该属性。其格式为:

类名.实例变量名 = 表达式

例 6-7 ①定义学生类具有专业属性;②创建一个只有学生姓名的对象;③修改实例的姓名属性值;④为实例添加学号属性;⑤输出各属性值。代码及运行结果如下:

```
1 class Student:
2     zy ="计算机网络技术"
3     def __init__(self,xm):
4         self.xm = xm
5 st1 = Student('张明')
6 print(st1.zy,st1.xm)       #访问输出类专业属性和实例 st1 的姓名属性
7 st1.xm ='赵亮'              #修改实例 st1 的姓名属性值
8 st1.xh ='001'               #添加实例 st1 的学号属性
9 print(st1.zy,st1.xm,st1.xh)  #输出修改后实例 st1 的姓名属性和类属性
```

```
runfile('D:/python/修改对象属性.py')
计算机网络技术 张明
计算机网络技术 赵亮 001
```

第 8 行添加的是对象 st1 的学号属性。如果再创建一个学生类对象,由于实例属性变量不是共享的,该实例并不会具有学号属性。

6.2.1.5 用 del 语句删除已有的实例变量

用 del 语句可删除类或实例的一个变量和对应的属性。其格式为：

del 类名.变量名 或 del 实例名.变量名

例 6-8 删除学生类中类属性 xy 和实例 st1 的实例属性 xh。程序代码及运行结果如下：

```
class Student:
    xy = "信息学院"
    def __init__(self,xm,xh):
        self.xm = xm
        self.xh = xh

st1 = Student('张明','001')
del Student.xy              #删除类属性 xy
del st1.xh                  #用 del 语句删除实例 st1 的实例变量 xh
print(Student.xy)           #输出删除后的类属性 xy,将报错
#print(st1.xh)              输出删除后的实例属性 xh,将报错
```

```
runfile('D:/python/del 属性.py')
Traceback (most recent call last):
File "D:\python\案例\src\test\修改属性.py", line 9, in <module>
print(Student.xy)     #输出删除后的类属性 xy,将报错
AttributeError: type object 'Student' has no attribute 'xy'
```

用 del 语句删除实例的对象属性,仅删除该实例的 xh 属性,并不能删除类中__init__定义的类结构属性 xh,如果继续创建其他对象,创建后的实例的 xh 属性仍存在。

6.2.2 访问属性变量的权限

在 Python 中,定义私有变量或私有方法只需要在变量名或方法名前加上两个下划线"__",那么这个函数或变量就会成为私有的。

6.2.2.1 私有变量

Python 类的对象没有访问属性的控制限制,这与其他面向对象的语言不同。通常,可以定义私有属性,约定两个下划线开头,但是不以两个下划线结束的属性是私有属性,其他为公共属性。私有属性不能被直接访问,但可以在方法中访问。

例 6-9 设计一个表示学生的类,具有姓名、年龄属性,年龄属性设置为私有属性,创建学生对象并输出其属性。程序代码及运行结果如下：

```
class Student:
    def __init__(self,xm,nl):
        self.xm = xm                #定义姓名属性
        self.__nl = nl              #定义私有年龄属性
    def getNl(self):
```

```
6           return self.__nl              #返回私有属性 nl
7   st1 = Student("张明",18)               #创建对象 st1
8   print(st1. xm)              #输出实例 st1 的属性 xm
9   print(st1.getNl())    #通过实例调用方法输出私有属性 nl
10  print(st1.__nl)                       #通过实例访问私有属性 nl 报错
```

```
runfile('D:/python/私有属性.py')
张明
18
Traceback (most recent call last):
File "D:python\私有属性.py", line 10, in <module>
print(st1.__nl)
AttributeError:'Student' object has no attribute '__nl'
```

第 4 行的实例变量 nl 前面加了两个下划线，就成为私有属性变量，第 9 行用 st1.getNl()调用方法在方法 getNl()中访问__nl。但是，第 10 行用 st1.__nl 就无法从外部访问了。

6.2.2.2　私有方法

用双下划线“__”定义的方法为私有方法，不能在类的外部调用，只能在类的内部调用。

例 6-10　在 Test 类中定义__test2()方法的调用如下：

```
class Test():
    def test(self):          #定义普通方法
        print("普通方法 test")
        self.__test2()       #在类内部调用私有方法
    def _test1(self):        #定义普通方法
        print("普通方法_test1 方法")
        t.__test2()          #在类内部调用私有方法
    def __test2(self):       #定义私有方法
        print("私有方法__test2 方法")

t = Test()
t.test()
t._test1()
#t.__test2()   #在类外部调用私有方法时会报错
```

```
runfile('D:/python/私有方法.py')
普通方法 test
私有方法__test2 方法
普通方法_test1 方法
私有方法__test2 方法
```

第 4 行用 self.__test2( )调用私有方法__test2，第 7 行用 t.__test2( )调用私有方法__test2。但是，如果第 14 行去掉注释，在类 Test 的外部调用类的私有方法__test2，将会出现异常。

6.3 方法的操作

6.3.1 对象方法

在 Python 类体中，带参数 self 的方法都是对象方法(成员方法)。在 Python 中，既可以定义普通的对象方法，还可以定义专用功能的特殊方法，如常用的构造方法等。

构造方法__init__，用于执行类的实例的初始化工作，在创建对象时自动调用，初始化当前实例，无返回值。

例 6-11 定义一个汽车类，用__init__初始化品牌、排量、颜色属性。程序代码及运行结果如下：

```
class Car:
    def __init__(self,brand,volume,color):   #定义构造方法
        self.brand = brand              #定义品牌
        self.volume = volume            #定义排量
        self.color = color              #定义颜色
    def reBrand(self):                  #返回品牌值的对象方法
        return self.brand
    def reVolume(self):                 #返回排量值的对象方法
        return self.volume
    def reColor(self):                  #返回颜色值的对象方法
        return self.color

car1 = Car('BMW','3.0T', 'black')      # 创建对象
print(car1.reBrand(),car1.reVolume(),car1.reColor()) #输出属性
```

```
runfile('D:/python/init.py')
BMW 3.0T   black
```

例 6-12 定义__init__方法，定义一个平面坐标类 Point，表示平面坐标点。程序代码及运行结果如下：

```
class Point:
    def __init__(self,x=0,y=0):         #构造方法
        self.x = x
        self.y = y

p1 =Point()          #创建 p1 点对象
```

```
print("p1({0},{1})".format(p1.x,p1.y))  #格式化输出实例点坐标
p2 =Point(6,5)      #创建 p2 点对象
print("p2({0},{1})".format(p2.x,p2.y))  #格式化输出实例点坐标
```

```
runfile('D:/python/init2.py')
p1(0,0)
p2(6,5)
```

6.3.2 类方法

6.3.2.1 定义类方法

在类中可以定义属于类的方法。类方法要使用 @classmethod 来修饰，而且第一个参数一般命名为 els(也可以是别的参数名)，形参 els 接受的实参是当前类本身。其格式为：

```
@classmethod
def 类方法名(cls,形参列表):
    方法体
```

6.3.2.2 调用类方法

类方法一般通过类名来访问，也可通过对象实例来调用，通过对象调用类方法获取的仍是类属性，并非对象属性。调用类方法可以通过类名或对象实例来调用。通过类名直接调用时，不需要实例化类的对象。其调用格式如下：

类名.类方法名(实参列表)　或

实例名.类方法名(实参列表)

例 6-13　定义中国人 Chinese 类。在类中，定义一个类方法输出类属性，创建一个对象并分别通过类和实例调用该类方法。程序代码及运行结果如下：

```
class Chinese:          #定义了 Chinese 类
    gj = '中国'             #定义类类变量
    @classmethod                #用@classmethod 修饰类方法
    def show(els,a):            #定义类方法 show()
        sf = a                      #sf 为局部变量
        print(els.gj,sf)        #输出类属性 gj 和为局部变量 sf
    def __init__(self,xm  =0  ):
        self.xm = xm
Chinese.show('云南')                #通过类调用类方法 show()输出类属性
p1 = Chinese('王强')
p1.show('云南')                     #通过实例调用类方法 show()输出类属性
print(p1.xm)
```

```
runfile('D:/python/类方法.py')
中国 云南
中国 云南
王强
```

调用类方法的过程：当执行第 9 行通过类带参数“云南”调用类方法 show( )后，执行第 4 行会自动把类 Person 作为实参传递给 els 参数，第二个实参“云南”传给开参 a；执行第 5 行赋值给局部变量 sf；执行第 6 行输出语句 print(els.gj, sf)，相当于执行 print(Person.gj,sf)语句。然后，执行第 10 行，创建对象 p1，执行第 11 行通过实例 p1 再次调用类方法 show(　)，输出类属性 gj 和局部变量值。通过类和实例调用类方法效果一样。

6.3.3 静态方法

在 Python 中，静态方法是与类的对象实例无关的方法，逻辑上属于类，但是和类本身没有关系，实际是类中的函数。

6.3.3.1 定义静态方法

定义静态方法要通过@ staticmethod 修饰，可以不带形参。其格式为：

```
@ staticmethod
def 静态方法名(形参列表)：
    方法体
```

6.3.3.2 调用静态方法

静态方法无法访问类属性或实例属性，相当于一个相对独立的方法，静态方法一般通过类名来访问，也可通过对象实例来调用，调用时不会自动传递任何参数给方法。静态方法不对特定实例进行操作，不需要实例化类的对象就可通过类名直接调用。其调用格式为：

类名.静态方法名(实参列表)　或

实例名.静态方法名(实参列表)

例 6-14　定义温度类，用静态方法实现摄氏温度到华氏温度转换。程序代码及运行结果如下：

```
class Temp:                    #定义一个温度类
    @ staticmethod             #修饰静态方法
    def ctof(ct):                    #摄氏温度到华氏温度转换的静态方法
        ct = float(ct)               #变量 ct 值转换浮点数
        ft = ((ct) * 1.8)+32           #摄氏温度转换为华氏温度表达式
        return ft                      #返回转换结果

ct = float(input("请输入摄氏温度:"))  #输入摄氏温度
f1 = Temp.ctof(ct)                           #用类名直接调用静态方法 ctoc()
print("摄氏温度{}度转华氏温度为{}度".format(ct,f1))
```

```
runfile('D:/python/静态方法.py')
请输入摄氏温度:15
摄氏温度 15 度转华氏温度为 59 度
```

6.4 类的继承

6.4.1 子类与继承

6.4.1.1 继承

面向对象编程带来的好处之一是代码的重用,实现这种重用的方法之一是继承机制。原始的类称为父类或基类,保持了父类的所有公有数据属性和方法的新类被称为子类或派生类。类之间存在继承、组合、依赖等关系,继承是两个类或多个类之间的父子关系,子类继承了父类的所有公有数据属性和方法,并且可以通过编写子类的代码扩充子类的功能。通过继承可以创建新类,目的是使用或修改现有类的行为,实现数据属性和方法的重用,减少了代码的冗余度。通过继承,子类拥有父类的属性和行为,还可以有自己新定义的属性和行为。

不过,继承也有一定的弊端:当程序员没有理清类间的关系时,可能会使得子类具有不该有的方法。另外,如果继承链太长,任何一点小的变化都会引起一连串变化,所以使用的继承要注意控制继承链的规模。

6.4.1.2 子类

在类名后使用一对括号表示继承的关系,括号中的类即为父类,括号中只有一个父类被称为单继承。子类的定义格式为:

class 子类名(父类名)

类体

例 6-15 定义两个类,A 类是父类,B 类是子类,在 B 括号中放入 A,表示 B 类继承 A 类的属性和方法。程序代码及运行结果如下:

```
class A():                    #定义父类
    xm = '父类属性'
    def hy(self):             #定义父类的方法
        print("我是父类的方法")
class B(A):                   #定义派生类
    def bs(self):             #定义派生类的方法
        A.hy()                #子类继承父类的方法

a1=A()              #创建父类对象
print(a1.xm)        #输出父类属性
a1.hy()             #父类对象调用父类方法 hy()
b1=B()              #创建 B 类的对象
print(b1.xm)        #子类继承了父类的属性
b1.hy()             #子类继承了父类的方法

runfile('D:/python/静态方法.py')
```

父类属性
我是父类的方法
父类属性
我是父类的方法

6.4.2 继承父类的属性和方法

6.4.2.1 继承的特点

在 Python 中,继承有以下特点:

(1)子类中有一个和父类名字相同的方法,子类中的方法会覆盖父类中同名的方法,被称为重载。

(2)在继承中,子类定义了__init__方法,子类将不再继承父类__init__方法,子类需要在子类中用父类名调用__init__方法来继承。其调用格式为:

父类名.__init__(参数列表)

(3)Python 总是首先查找对应类的方法,如果在子类中没有对应的方法,则会在继承链的父类中按顺序查找。

(4)在 Python 继承中,子类不能访问父类的私有成员。

(5)子类具有父类的公有属性和方法,而且子类可以扩展自身的功能,添加新的属性和方法。因此,子类可以替代父类对象,这种特性被称为多态性。

例 6-16　定义父类为 Person 类,具有姓名、年龄属性和输出属性的方法。子类为 Student 继承父类的属性和方法,并添加自有的学号属性和输出方法。

#定义一个父类为 Person 类:

```
class Person:                          #定义父类 Person
    def __init__(self,xm,nl):          #定义父类构造方法
        self.xm = xm
        self.nl = nl
        print('初始化的名字是%s '%self.xm)
    def printxm(self):                 #定义父类对象方法
        print('姓名:%s,年龄:%s '%(self.xm,self.nl))
```

#定义一个子类 Student 类,继承 Person 类的属性和方法:

```
class Student(Person):                 #定义子类 Student
    def __init__(self,xm,nl,xh):       #定义子类构造方法
        Person.__init__(self,xm,nl)    #调用继承父类构造方法
        self.xh = xh                   #添加子类自有的属性
        print('我是继承 person 的学生%s '%self.xm)
    def printxm(self):                 #定义子类与父类同名对象方法
        Person.printxm(self)           #继承父类对象方法
        print('我的学号是%s '%self.xh) #添加自有的方法语句

p1 = Person('陈放',40)                 #实例化父类
p1.printxm()                           #调用父类的对象方法
```

```
19  s1 = Student("张明",19,'001')          #实例化子类
20  s1.printxm()                           #调用子类的对象方法
```

```
runfile('D:/python/静态方法.py')
初始化的名字是陈放
姓名:陈放,年龄:40
初始化的名字是张明
我是继承 person 的学生张明
姓名:张明,年龄:19
我的学号是 001
```

在程序中,第 8 行定义子类继承父类的属性,第 9 行定义子类构造方法,第 10 行用父类名调用父类的构造方法,第 11 行添加子类自有的学号属性,第 13 行定义同名的对象方法,第 14 行用父类名调用父类的对象方法,第 15 行添加自有的方法语句。

6.4.2.2 多继承

Python 支持多重继承,即一个子类可以继承多个父类。如果有多个父类,则父类名需要全部写在括号里,这种情况被称为多继承。子类多继承的定义格式为:

```
class  子类名(父类列表)
    类体
```

其中,如果有多个父类,子类名后的父类列表构成所有父类的名称元组,常见的是一个父类派生多个子类。

例 6-17　定义 Person 和 Teacher 类,继承这两个类派生出 Student 类。程序代码及运行结果如下:

```
#定义一个父类 Person 类:
lass Person:                               #定义了一个 Person 类
    def __init__(self, xm):
        self.xm = xm                       # Personr 类的实例属性
        print('person 初始化的姓名是%s'%self.xm)
    def printP(self):
        print("执行了 Person 的方法")          #Personr 类的对象方法体
#定义一个父类 Teacher 类:
class Teacher():                           #定义了一个 Teacher 类
    def __init__(self,xm,xx):
        self.xm = xm                       # Teacher 类的实例属性
        self.xx = xx                       # Teacher 类的实例属性
    def printT(self):
        print("执行了 Teacher 的方法")  # Teacher 类的对象方法体
#定义一个继承 Person 类和 Teacher 类的 Student 类:
class Student(Person,Teacher):             #继承 Student 和 Teacher 派生一个 Student 类
    def __init__(self,xm,xx,xh):
```

```
        Person.__init__(self,xm)          #继承 Person 的属性
        Teacher.__init__(self,xm,xx)      #继承 Teacher 的属性
        self.xh = xh                      #添加自有的学号属性
    def printS(self):
        Person.printP(self)               #继承 Person 的方法
        Teacher.printT(self)              #继承 Teacher 的方法
        print(self.xm,self.xx,'我的学号是:%s'%self.xh)    #Student 自有方法

#创建一个学生对象,并调用学生类的对象方法:
st1 = Student('李芳','交通学院','002')          #创建学生对象
st1.printS()                                    #调用学生类对象方法
```

```
runfile('D:/python/多继承.py')
person 初始化的姓名是李芳
执行了 Person 的方法
执行了 Teacher 的方法
李芳 交通学院 我的学号是:002
```

6.5 应用实例

例 6-18 定义一个学生类,有姓名、年龄、性别、英语成绩、数学成绩、语文成绩属性。定义方法求一个学生的总分和平均分,并输出学生信息。

问题分析:定义一个学生类为 Student);用构造方法定义属性变量并初始化:姓名(xm)、年龄(nl)、性别(xb)、英语成绩(Eng)、数学成绩(math)、语文成绩(chin);定义对象方法 stSA 计算总分和平均分并输出,不返回值;实例化类一个对象学生 st1,调用方法输出结果。

定义对象方法计算总成绩(s)和平均成绩(a)。代码如下:

```
class Student:    #定义学生类
    def __init__(self,xm,nl,xb,eng,math,chin):   #定义构造方法
        self.xm = xm
        self.nl = nl
        self.xb = xb
        self.eng = eng
        self.math = math
        self.chin = chin
    def stSA(self):   #定义求总分和平均分的函数
        s = self.eng+self.math+self.chin
        a = (self.eng + self.math + self.chin)/3
        print("姓名:%s,年龄:%s,性别:%s"%(self.xm,self.nl,self.xb))
```

```
        print("%s 的总成绩是:%s" % (self.xm,s))
        print("%s 的平均分是:%s" % (self.xm,a))

xm = input("请输入姓名:")
nl = input("请输入年龄:")
xb = input("请输入性别:")
eng = float(input("请输入英语成绩:"))
math = float(input("请输入数学成绩:"))
chin = float(input("请输入语文成绩"))
st1 = Student(xm,nl,xb,eng,math,chin)    #传入实参创建对象 st1
st1.stSA()      #调用方法求总分和平均分
```

例 6-19　设计一个学生信息管理系统,具有显示、插入、修改、删除学生信息功能。如果输入的学号已存在,不能插入;如果输入的学号不存在,则不能修改和删除,性别输入错误提示重新输入。学生信息有学号、姓名、性别和年龄。

问题分析:要实例化多个学生对象,用列表存储输入的学生信息,定义对象方法对列表进行操作。

第一步:

①定义学生类(Student)用构造方法设置姓名(xm)、学号(xh)、性别(xb)、年龄(nl),并初始化;

②定义学生类的对象方法 show,显示每个输入的实例对象的学号、姓名、性别和年龄信息。

第二步:

①定义一个学生信息数据操作的类(StudentList);

②用构造方法定义一个列表 students,用来存储学生信息;

③定义 StudentList 类的一个 show 方法,显示学生信息项目名称,并调用 show()方法显示列表中的学生信息;

④定义插入、修改、删除方法;

⑤定义一个方法显示菜单,并执行菜单命令调用相应的方法。

第三步:

实例化类调用菜单方法。

程序如下:

```
class Student:                    #定义学生类
    def __init__(self,xh,xm,xb,xl):      #定义属性变量并初始化
        self.xh=xh
        self.xm=xm
        self.xb=xb
        self.nl=xl
    def show(self):               #显示每个学生对象的属性
        print("%-10s%-8s%-8s%-4d"%(self.xh,self.xm,self.xb,self.nl))

```

```
class StudentList:              #定义学生信息操作类
    def __init__(self):         #定义列表存储学生信息的方法
        self.students=[ ]
    def show(self):             #定义显示信息项目的方法,遍历调用 show 方法显示信息
        print("%-8s%-8s%-8s%-8s" %("学号","姓名","性别","年龄"))
        for s in self.students:
            s.show()
    def __insert(self,s):  #定义私有方法插入信息
        i = 0
        while (i<len(self.students) and s. xh>self.students[i]. xh):
            i = i+1
            if (i<len(self.students) and s. xh== self.students[i]. xh):
                print(s. xh," 已经存在")
                return False
        self.students.insert(i,s)    #信息插入列表
        print("增加成功")
        return True
    def __update(self,s):       #定义私有方法修改信息
        flag = False
        for i in range(len(self.students)):
            if (s. xh==self.students[i]. xh):
                self.students[i]. xm = s. xm
                self.students[i]. xb = s. xb
                self.students[i].nl = s.nl
                print("修改成功")
                flag = True
                break
            if (not flag):
                print("没有这个学生")
                return flag
    def __delete(self,xh):          #定义私有方法删除信息
        flag = False          #设置删除标志
        for i in range(len(self.students)):
            if (self.students[i]. xh == xh):
                del self.students[i]
                print("删除成功")
                flag = True
                break
            if (not flag):
                print("没有这个学生")
```

```
            return flag
    def delete(self)：       #定义接收删除信息的方法
        xh = input("输入要删除的学号 = ")
        if (xh ！ ="")：
            self.__delete(xh)    #调用私有删除信息的方法
    def insert(self)：        #定义接收插入信息的方法
        xh = input("输入要添加的学号 = ")
        xm = input("姓名 = ")
        while True：    #判断输入是否有效
            xb = input("性别 = ")
            if (xb=="男" or xb=="女")：
                break
            else：
                print("输入性别无效")
        nl = input("年龄 = ")
        if (nl=="")：   #输入为空设为 0
            nl = 0
        else：
            nl = int(nl)   #转换为整数
        if xh ！ ="" and xm ！ ="":      #判断学号是否存在
            self.__insert(Student(xh,xm,xb,nl)) #调用私有插入信息的方法
        else：
            print("学号、姓名不能为空")
    def update(self)：        #定义接收修改信息的方法
        xh = input("输入要修改的学号 = ")
        xm = input("姓名 = ")
        while True：
            xb = input("性别 = ")
            if (xb=="男" or xb=="女")：
                break
            else：
                print("输入性别无效")
        nl = input("年龄 = ")
        if (nl=="")：
            nl = 0
        else：
            nl = int(nl)
        if xh ！ ="" and xm ！ ="":
            self.__update(Student(xh,xm,xb,nl))    #调用私有修改信息的方法
        else：
```

```python
            print("学号、姓名不能为空")
    def process(self):              #定义主菜单操作方法
        while True:
            print("1：显示学生信息")
            print("2：添加学生信息")
            print("3：修改学生信息")
            print("4：删除学生信息")
            print("5：退出")
            s = input("请选择操作项>>>")
            if (s == "1"):
                self.show()      #调用显示信息的方法
            elif (s == "2"):
                self.insert()    #调用接收插入信息的方法
            elif (s == "3"):
                self.update()    #调用接收修改信息的方法
            elif (s == "4"):
                self.delete()    #调用接收删除信息的方法
            elif (s == "5"):
                print("再见!")
                break       #退出

st=StudentList()      #创建学生信息操作对象
st.process()          #调用菜单操作方法
```

实训与习题 6

实训

设计一个立方体类，定义三个属性，分别是长、宽、高。定义两个方法，分别计算并输出立方体的体积和表面积。

实训要点：

(1)定义一个构造方法；

(2)定义计算体积的方法；

(3)定义计算表面积的方法；

(4)传递实参创建实例对象；

(5)调用体积和表面积的方法。

习题

1.为什么创建类函数的时候需要添加 self 变量？可以使用其他变量如 this 代替 self 吗？

2.定义一个矩形类并生成类实例对象求面积。属性:长和宽。获得面积方法:设置长和宽,计算长和宽并返回值。提示:方法中属性需加上 self,如 self.width。

3.创建一个运动员类(Player),有属性:姓名、体重、性别。创建对象方法显示运动员信息;创建跑步方法处理每次跑步体重减少 0.1 千克。创建吃方法处理每吃一次东西,体重增加 1 千克。实例运动员有:

(1)小美、女、体重 45 千克;

(2)小明、男、体重 75 千克。

4.面向对象编写模拟简单的计算器。

(1)定义 Number 类;

(2)编写构造方法初始化属性变量,其中有两个整型数据属性变量 n1 和 n2,应声明为私有;

(3)为该类定义加(addition)、减(subtration)、乘(multiplication)、除(division)等对象方法;

(4)输入 n1 和 n2 的值,创建 Number 类的对象;

(5)调用各个方法,再分别对两个对象变量执行加、减、乘、除的运算,并显示计算结果。

5.定义一个名为交通工具(Vehicles)的父类,该类中应包含属性:商标(brand)和颜色(color)。

(1)在 Vehicles 类中定义对象方法(run)行驶状况和方法(show)显示信息,run 方法在显示"我已经开动了",show 方法显示对象的商标和颜色等信息,用构造方法初始化其对象属性。

(2)编写小汽车(Car)类继承于 Vehicles 类,增加对象属性座位数(seats),增加显示小汽车的信息的对象方法 showCar,并编写构造方法。

(3)编写卡车(Truck)类继承于 Vehicles 类,增加对象属性载重量(load),增加显示卡车的信息的对象方法 showTruck,并编写构造方法。

7 文件操作

应用程序往往需要从磁盘文件中读取数据，或者把数据存储到磁盘文件中，以持久地保存应用程序的数据。

■本章学习要点

(1) 文件的打开模式；
(2) 文件的关闭；
(3) 文本文件的读取与写入；
(5) 文件指针操作；
(6) 文件操作的异常处理；
(7) CSV 文件的读写操作。

7.1 文件和文件对象

7.1.1 文件及文件对象

7.1.1.1 文件

文件是指记录在存储介质上的一组相关信息的集合。存储介质既可以是纸张、计算机磁盘、光盘或其他电子媒体，也可以是照片或标准样本，还可以是它们的组合。在本章内容中，对文件若无特殊说明，主要是指计算机文件，即以计算机磁盘为载体存储在计算机上的信息集合。

文件包括两种类型：文本文件和二进制文件。文本文件是指由一连串字符组成的字符流，二进制文件是指由一连串的字节组成的字节流。文本文件一般由单一特定编码的字符组成，如 UTF-8 编码，内容容易统一展示和阅读。文件内部数据的组织格式与文件用途有关。二进制文件是指信息按照非字符但特定格式形成的文件,如 png 格式的图片文件、avi 格式的视频文件。

7.1.1.2 文件对象

在 Python 语言中,负责文件操作的被称为文件对象。文件对象不仅可以访问存储在磁盘中的文件,也可以访问网络文件。文件对象通过 open 函数得到,获取文件对象后,就可以使用文件对象并调用文件对象的内置方法来读写文件。

无论文件创建为文本文件或者二进制文件,都可以用“文本文件方式”和“二进制文件方式”打开,但打开后的操作不同。

例 7-1 用文本编辑器生成一个文本文件 a.txt,其内容为“2019 年 10 月 Python 在全球编程语言排行榜中位居第三”,保存在当前工作目录,即 D 盘根目录下 path 文件夹中。分别用文本文件方式和二进制文件方式读入,并打印输出效果。程序代码及运行结果如下:

```
textF = open("a.txt","rt")      #以文本文件方式打开 a.txt
print(textF.readline())
textF.close ()
binF = open("a.txt","rb")       #b 表示二进制文件方式
print(binF.readline())
binF.close()
```

```
runfile('D:/python/textF. py')
2019 年 10 月 Python 在全球编程语言排行榜中位居第三
b'2019\xc4\xea10\xd4\xc2Python\xd4\xda\xc8\xab\xc7\xf2\xb1\xe0\xb3\xcc\xd3\xef\xd1\xd4\xc5\xc5\xd0\xd0\xb0\xf1\xd6\xd0\xce\xbb\xbe\xd3\xb5\xda\xc8\xfd'
```

文件有 5 种基本的操作方式:打开、读取、改变当前指针位置、写入和关闭。

7.1.2 文件的打开

文件在进行读写操作之前要先打开,使用完毕要关闭。所谓打开文件,实际上是建立文件的各种有关信息,并使文件指针指向该文件,以便进行其他操作。Python 通过文件对象的 open()方法打开或创建一个文件对象,并返回一个操作这个文件的变量。语法形式如下:

文件对象名 = open(文件路径及文件名,打开模式,encoding= None, newline=None)

文件名既可以是文件的实际名字,也可以是包含完整路径的名字。第一个参数是文件的保存地址,第二个参数表示打开文件时的模式,第三个参数 encoding='utf-8'表示的是返回的数据采用何种编码。在中文 Windows 系统中,如果不指定文本文件的编码 encoding='utf-8',系统默认的 GBK 编码,即一个英文字符是 ASCII 码、一个汉字是两个字节的内码。如果用 encoding 参数指定编码 UTF-8,则一个英文字符占一个字节、一个汉字占 3 个字节。encoding 用于打开文本文件或 CSV 文件时区分换行符,可以取的值有 None、\n、\r、\n、“”。

7.1.2.1 文件路径

有时候需要打开不在程序文件所属目录下的文件，那么在程序里就需要提供文件所在路径，让 Python 到系统特定位置去查找并读取相应文件的内容。文件路径可以是绝对文件路径或相对文件路径。

绝对文件路径是文件完整准确的储存位置，相对路径指的是相对于当前文件夹的路径。

(1)绝对路径

在 Windows 系统里，常用“\”来表示绝对路径，“\”在 Python 中是转义字符，所以时常会有冲突。绝对路径通常可以写成以下两种方式：

一种是在路径前加上字母 r。例如：文本文件 textF.txt 保存在 D 盘 python 文件夹下，以只读模式打开文件的语句为：

```
f = open(r'D:\python\textF.txt','r')
```

另一种是用转义字符“\”替换成“\\”。例如：

```
f = open('D:\\python\\textF.txt', 'r')
```

(2)相对路径

在 Windows 系统里，常用“/”来表示相对路径。例如：要打开的文本文件 textF.txt 保存路径为 D:\python\textF.txt。如当前工作目录为 D:\python\test，以设置相对路径打开文件的语句为：

```
f = open('/python/textF.txt','r')
```

如果要打开的文本文件 textF.txt 与当前工作目录相同，则设置相对路径的只读模式打开文件语句为：

```
f = open('textF.txt','r')
```

7.1.2.2 打开模式

打开模式用于控制使用何种方式打开文件，open() 方法提供 7 种基本的打开模式。

打开模式	含义
'r'	只读模式，如果文件不存在，返回异常 FileXhtFoundError，默认值
'w'	覆盖写模式，文件不存在则创建，存在则完全覆盖源文件
'x'	创建写模式，文件不存在则创建，存在则返回异常 FileExistsError
'a'	追加写模式，文件不存在则创建，存在则在原文件最后追加内容
'b'	二进制文件模式
't'	文本文件模式，默认值
'+'	与 r/w/x/a 一同使用，在原功能的基础上增加同时读写功能

打开模式使用字符串方式表示，根据字符串定义，单引号或者双引号均可。上述打开模式中，'r'、'w'、'x'、'b'可以和'b'、't'、'+'组合使用，形成既表达读写又表达文件模式的方式。例如，‘wt+’以读写方式打开一个文本文件，既允许读也允许写数据。如文件不存在，则创建该文件；如文件存在，则打开后清空文件内容，文件指针指向 0 的开始位置。open()函数默认打开文本文件模式（‘rt’），即文本读取模式。

如例 7-1 的代码中，第 1 行语句 textF = open("a.txt","rt")，表示 open()函数默认采用‘rt’(文本只读)模式，读入程序所在目录中 a.txt 文件；第 4 行语句 binF = open ("a.txt","rb"),表示 open()函数默认采用'rb'(二进制只读)模式,读入程序所在目录中 a.txt 文件。

图片、视频或者音乐文件是二进制文件,需要使用文件打开模式'rb'。例如,打开一个名为"music.mp3"的音频文件代码为:

binFile = open("music.mp3","rb")

7.1.2 文件的关闭

关闭文件是断开指针与文件之间的联系,也就禁止再对该文件进行操作,同时释放文件占用的资源。文件使用结束后要用 close()方法关闭,释放文件的使用授权。其调用的格式为:

文件对象名.close()

如例 7-1 的代码中,第 3 行语句 textF.close (),第 6 行语句 binF.close()。

7.2 文本文件的读取和写入

7.2.1 文件的读取

要使用文本文件中的信息,首先需要将信息读取到内存中。用文件对象调用三个内置方法 read()、readline()、readlines()读取文件里的内容。

(1)在方法调用中,读取的文件必须是已经以读方式打开的。

(2)在文件内部有一个位置指针,用来指向文件的当前字符的位置。在文件打开时,该位置指针总是指向文件的第一个字符。使用 read()方法后,该位置指针将向后移动一个字符,每读一个字符,该位置指针就向后移动一个字符,因此可连续多次使用 read()方法读取多个字符。每行的末尾都有一个看不见的换行符,当读完一行指针指向下一行的开始位置。

例如,用文本编辑器生成一个文本文件 readtext.txt。其内容为:

2019 年 10 月
Python 在全球编程语言排行榜中
位居第三名

保存在 Windows 系统的 D 盘的 python 文件夹中。编写 Python 程序代码如下,并保存在编辑器当前工作目录下。以下分别用四种方式读取该文本文件的内容,打开文件时默认 GBK 编码(encoding="GBK"),即一个英文字符是 ASCII 码、一个汉字是两个字节的内码。

7.2.1.1 一次读取几个字节或读取完内容

用文件对象的内置方法 read()从文件读取指定的字节数,返回从字符串中读取的字节。其调用的格式为:

文件对象名.read(size)

其中:

(1)参数 size 为从当前指针位置开始读的取字节数,当按指定字节读完一行所有字符后指针指向下一行开始字符位置。如果要读 n 个字节，而文件没有那么多字符，那么就读取所有文件里的内容。

(2)无参数时默认读取完内容，读完后位置指针就指向文件内容的最后一个字节，再读就返回一个空串。

(3)文本文件在读文件时把"\r""\r"\tf""\n"字符看成换行符号。

例 7-2　以只读模式打开文件 D:\python\readtext.txt，用 read()方法读取指定文本文件内容。程序代码及运行结果如下：

```
1  path = r'D:\python\readtext.txt'      #文件的绝对路径
2  f = open(path,'r')                    #只读模式打开文件，默认 encoding="GBK"
3  line1 = f.read(4)        #调用 read 从文件开头位置读取 4 个字符，并赋给变量 line1
4  line2 = f.read(4)        #从上次读取后的位置开始读取 4 个字符，并赋给变量 line2
5  print(line1)             #输出 line1 的值
6  print(line2)             #输出 line2 的值
7  line3 = f.read()         #从上次读取后的位置开始读取所有内容，并赋给变量 line3
8  print(line3)             #输出 line3 的值
9  f.close()                #关闭文本文件
```

```
runfile('D:/python/read. py')
2019 年 10 月
Python 在全球编程语言排行榜中
位居第三名
```

在程序执行中，执行第 3 行代码，read 带参数 4，Python 从文件开头位置读取 4 个字符并赋给变量 line1，指针指向第 5 个字符。

执行第 4 行代码，read 带参数 4，继续从第 5 个字符开始读取 4 个字符并赋给变量 line2，刚好读完第一行指针换行指向第 4 行第 5 个字符。第 6 行代码输出语句输出后换行，两次换行结果就空出一行。

执行第 7 行代码，read 不带参数，继续从第 9 个字符开始读所有字符并赋给变量 line3，最后指针指向文件最后一个字节。

7.2.1.2　每次读取一行

用文件的内置方法 readline() 一次读取一行数据。其调用格式为：

文件对象名. readline()

例 7-3　以只读模式打开文件 D:\python\readtext.txt，用 readline()方法一次读取指定文本文件行内容。程序代码及运行结果如下：

```
path = r'D:\python\readtext.txt'      #文件的绝对路径
f = open(path,'r')                    #只读模式打开文件，默认 encoding="GBK"
line1 = f.readline()          #从文件开头位置读取第一行，并赋给变量 line1
line2 = f.readline()          #从第二行开始的位置读取第二行，并赋给变量 line2
line3 = f.readline()          #从第三行开始的位置读取第三行，并赋给变量 line3
print(line1)                  #输出 line1 的值
```

```
print(line2)               #输出 line2 的值
print(line3)               #输出 line3 的值
f.close()                  #关闭文本文件
runfile('D:/python/readline.py')
2019 年 10 月
Python 在全球编程语言排行榜中
位居第三名
```

7.2.1.3 按行一次读完返回列表

用文件对象的内置方法 readlines ()按行读取。其调用的格式为:

文件变量名.readlines ()

readlines ()将每一行形成一个元素,包括换行符,放到一个列表中,默认读取完返回每行并组成列表,返回所有的行字符串列表。每行是用"\n"分开的,而且一行的结尾如果是"\n"则包含"\n"。

例 7-4 以只读模式打开文件 D:\python\readtext.txt,用 readlines()方法按行读取指定文本文件行内容。程序代码及运行结果如下:

```
path = r'D:\python\readtext.txt'
f = open(path,'r')                    #只读模式打开文件,默认 encoding="GBK"
lines = f.readlines()             #一次读取一行内容,包括行末的换行符
print(lines)
f.close()

runfile('D:/python/reaadlines.py')
['2019 年 10 月\n', 'Python 在全球编程语言排行榜中\n', '位居第三名\n']
```

7.2.1.4 用 for 循环遍历行读取行内容

例 7-5 以只读模式打开文件 D:\python\readtext.txt,用无精打采循环读取文本文件行里的内容。程序代码及运行结果如下:

```
1  path = r'D:\python\readtext.txt'
2  f = open(path,'r')
3  for line in f:                    #遍历文件 f 内的行内容
4      print(line,end='')            #不换行输出遍历到的行内容

runfile('D:/python/reaadlines.py')
2019 年 10 月
Python 在全球编程语言排行榜中
位居第三名
```

第 3 行中变量 f 作为列表名,打开的文件的每行内容作为列表的一个元素,遍历每行后执行第 4 行输出。

7.2.2 文件的写入

文件写入的实现同样具有多种方法,可以使用文件对象的内置方法 write( ) 和 writelines( ),使用 write( )方法把字符串写入文件,writelines( )方法可以把列表中存储的内容写入文件。

7.2.2.1 用 write( )方法写入字符串

write( )方法的调用格式为:

文件对象.write (s)

其中:

(1)s 是待写入的字符串,其他类型数据会报错。

(2)可以以写或追加的方式打开被写入的文件,用写方式打开一个已存在的文件时,将清除原有的文件内容,写入字符从文件首开始。如需保留原有文件内容,希望写入的字符从文件末开始存放,必须以追加方式打开文件。

(3)每写入一个字符串,文件内部位置指针向后移动到末尾,指向下一个待写入的位置。write( )方法不会在写入的文本末尾添加换行符。

例 7-6　新建上个名为 writea 的文本文件,保存到 D 盘 python 文件夹中,把一个字符串"python 程序设计"存放在该文本文件中。代码如下:

```
path = 'D:\\python\\writea.txt'
f = open(path,'wt')                #覆盖写模式打开文件,默认 encoding="GBK"
f.write ('python 程序设计')         #从开始位置写入或覆盖模式写入字符串
f.close()
```

运行程序后,在 D 盘 python 文件夹中打开 writea.txt 文件,可见文件内容为"python 程序设计"。

例 7-7　继续打开 writea.txt 文件追加写入另外一个字符串"易学易用"。代码如下:

```
1  path = 'D:\\python\\writea.txt'
2  f = open(path,'at')        #以追加写模式写入方式打开,默认 encoding="GBK"
3  f.write ('易学易用')              #从指针当前位置追加写入字符串
4  f.close()
```

打开 writea.txt 文件,可见内容为"python 程序设计易学易用"。如果要追加写为另一行,则将第 3 行代码中加入换行符修改为:f.write ('\n 易学易用')。

7.2.2.2 用 writelines( )方法写入字符串或字符序列

writelines( )方法的调用格式为:

文件对象.writelines (s)

s 为字符串或字符序列,其他类型数据会报错。

例 7-8　新建名为 writelinesT 的文本文件,保存到 D 盘 python 文件夹中,把列表 list1 =["北京","上海","昆明"]的元素分行存放在该文本文件中。代码如下:

```
path = 'D:\\python\\writelinesL.txt'
f = open(path,'wt')                #覆盖写模式打开文件,默认 encoding="GBK"
```

```
list1=['北京','\n 上海','\n 昆明']  #以写模式创建或覆盖原文本文件内容,\n 为换行
f.writelines (list1)             #从开头位置写入或覆盖写入字符串列表元素
f.close()
```

7.2.3 文件指针控制

文件是一个字节流,读写哪个字节必须要指定这个字节的位置,这是由文件指针来决定的。指针位置按字节位置来索引,文件开头的指针位置为 0,每个中文字符占两个字节的位置,文件末尾的位置用 EOF 表示。

7.2.3.1 获取当前文件指针的位置

Python 使用文件对象内置方法 tell()获取当前文件指针的位置。其调用格式为:

文件对象.tell()

返回指针位置整数值,是文件指针当前距离文件开头的位置。

例 7-9 以下代码反映文件写过程中的指针位置。程序代码及运行结果如下:

```
from asyncore import read            #从模块 asyncore 中导入 read 函数
path = 'D:\\python\\writea.txt'
f = open(path,'wt')                  #覆盖写模式打开文件,默认 encoding="GBK"
print ("打开文件时指针位置:",f.tell ()) #获取打开文件指针的位置
f.write ('学习')                      #写入中文字符串
print ("写入学习后指针位置:",f.tell ())   #获取当前文件指针的位置
f.write ('python')                   #写入英文字符串
print ('写入 python 后指针位置:',f.tell ()) #获取当前文件指针的位置
f.write ("程序设计")                   #写入中文字符串
print ('写入程序设计后指针位置:',f.tell ()) #获取当前文件指针的位置
f. close()
```

```
runfile('D:/python/reaadlines. py')
打开文件时指针位置:0
写入学习后指针位置:4
写入 python 后指针位置:10
写入程序设计后指针位置:18
```

7.2.3.2 控制文件指针的移动

使用文件对象的内置方法 seek()可以控制文件指针的移动,指向指定位置。其调用格式为:

文件对象.seek(指针移动的字节数)

seek()控制文件指针的移动,指针移动的字节数以文件开头为参照。

例 7-10 以下代码文件读写中反映文件指针的移动控制。程序代码及运行结果如下:

```
def writeFile ():                    #定义名为 writeFile 的函数
    path='D:\\python\\wrFile.txt'
```

```
    f = open(path,' wt+')          #覆盖读写模式打开文件,默认 encoding = " GBK"
    f.write('这是 python1234 设计')          #从开头位置写入字符串
    print('写“python1234 设计”后指针位置:',f.tell ( ))  #输出写后指针位置
    f.seek(0)                #控制指针指向文件开头位置
    print(f.read( ))          #从当前位置开始获取文件内容并输出
    print('读完后指针位置:',f.tell ( ))  #输出读后指针位置
    f.seek(10)                          #控制指针指向距开头位置 10 个字节的位置
    f.write('程序')                          #从当前位置覆盖写入字符串
    print('写“程序”后指针位置:',f.tell ( ))      #输出写后指针位置
    f.seek(4)                #控制指针指向距开头位置 4 个字节的位置
    print(f.read( ))        #从当前位置开始获取文件内容并输出
    f.close( )
writeFile( )             #调用函数 writeFile( )
```

```
runfile(' D:/python/seek. py ')
写“python1234 设计”后指针位置: 18
这是 python1234 设计
读完后指针位置: 18
写“程序”后指针位置: 14
python 程序设计
```

7.3 文件操作的异常

7.3.1 使用 try…finally 处理异常

在 try…except 中,try 语句块的任何一条语句抛出异常时,后面的语句将不再执行,控制权已经移交给 except 语句块。在一段打开文件并写入数据到文件的代码中,对文件的打开、写入、关闭等操作代码都放置在 try 语句块中。当执行写入文件的操作抛出异常时,后面关闭文件的语句将不会被执行,从而导致一些系统资源不能被及时释放。在这种情况下,可以使用 finally 子句来解决这些问题。

在 try…except 语句后添加 1 个 finally 子句,finally 子句的作用是无论异常是否发生,finally 子句都会被执行。一般来说,如果没有发生错误,执行过 try 语句块之后执行 finally 语句块,完成整个流程。如果 try 语句块发生了异常,抛出了这个异常,此时就马上进入 finally 语句块进行资源释放处理。通常,finally 子句用于关闭因异常而不能释放的系统资源。

例 7-11　打开当前工作目录下的 writea.txt,预设为只读模式,测试写入异常。程序代码及运行结果如下:

```
path = ' writea.txt '
try:
```

```
3       f = open(path,'rt')                         #只读模式打开本文件
4       print("%s 文件打开成功"%path)
5       line = f.write ('python 程序设计')          #在只读模式下写入字符串出现异常
6       print("共写入%d 个字节到%s"%(line,path))    #捕捉异常后不执行该语句
7   except IOError:                                 #捕捉异常
8       print("%s 文件写入失败"%path)
9   finally:                                        #发生了异常仍然要执行其子句
10      f.close()
```



```
runfile('D:/python/finally. py')
D:\ python\writea.txt 文件打开成功
D:\ python\ writea.txt 文件写入失败
文件已关闭
```

由于程序中第 3 行设置了只读模式打开文件，执行第 5 行写入字符串时出现 IOError 异常，except 捕捉异常后不执行 try 子句第 6 行，而执行 except 子句第 8 行。文件关闭语句第 10 行放置在 finally 语句块中，不管 try 语句块中代码是否发生异常，该语句都要执行，打开的文件都将会关闭。

7.3.2 with 语句在异常中关闭文件

在文件操作中，常用 with 语句来完成打开、读写操作，在异常处理中比 try…finally 高效便捷，不管是否发生错误或者异常都会自动关闭文件。其格式为：

```
with 上下文表达式 as 变量:
    with 的语句体
```

with 后面对象表达式返回的结果赋值给 as 后的变量。变量用于绑定表达式执行后生成的对象，当文件对象赋值给了变量，with 会自己获取上下文件的异常信息，但不会改变异常的状态。with 可以有多个对象表达式分别对应多个对象变量，常用于对资源进行访问的场合，确保使用过程中不管是否发生异常都会执行必需的“清理”操作，并释放资源。

例 7-12　用 with 语句改写例 7-2 如下：

```
path = 'D:\eclipse\python\src\案例\writea.txt'
try:
    with open(path,'wt') as f:      #写模式打开文件，是否出现异常都会关闭文件
        print("%s 文件打开成功"%path)
        line = f.write ('python 程序设计')
        print("共写入%d 个字节到%s"%(line,path))
except IOError:
    print("%s 文件写入失败"%path)
```

```
runfile('D:/python/finally. py')
```

```
D:\ python\writea.txt 文件打开成功
共写入 10 个字节到 D:\ python\writea.txt
```

当程序执行第 3 行代码后,open 函数返回的文件对象赋值给了 f,with 会自动获取上下文件的异常信息。

7.4 读写 CSV 文件

CSV 是一种通用的、相对简单的文件格式。CSV 文件:Comma-Separated Values,中文叫逗号分隔值或字符分割值。它以纯文本形式存储表格数据(数字和文本),由任意数目的记录组成,记录间以某种换行符分隔;每条记录由字段组成,一行即为数据表的一行,字段间的分隔符是其他字符或字符串,最常见的分隔符是半角逗号或制表符。大部分编辑器支持直接读入或保存文件为.csv 格式。

CSV 文件常应用于在程序之间转移表格数据,可以非常容易地被导入各种 PC 表格及数据库中。在编写程序时,可通过命令在数据库中把表导出来成为 CSV 结尾的文件,用命令 import csv 可直接调用 Python 的内置 CSV 模块进行 CSV 文件的读写。

7.4.1 csv.reader 对象和 CSV 文件的读取

用命令 import csv 调入 CSV 模块后,可用 csv.reader 对象接收一个 CSV 文件,以便从其中读取 CSV 的数据内容。其格式为:

CSV 读对象名 = csv.reader(CSV 文件)

其中,CSV 文件为文件对象或列表对象,csv.reader()接收一个 CSV 文件,返回一个 CSV 的 reader 对象,以便能从其中解析出 CSV 的内容。CSV 对象是任何支持读取方法的对象;读取方法如 readline()等方法等,支持使用该对象遍历 CSV 文件中的行,从 CSV 文件中读取的每一行都作为字符串列表返回。

例 7-13　在当前工作目录用 Excel 建一个学生成绩表,保存文件名为“学生成绩.csv”,读取并输出全部内容。程序代码及运行结果如下:

```
import csv                     #导入 CSV 模块
path = '学生成绩表.csv'
with open(path, "r")  as  f:    #打开文件
    csvRead = csv.reader(f)     # 创建 csvRead 对象返回可遍历对象 f
    headers = next(csvRead)     #用函数内置 next()返回 CSV 文件首行
    print(headers)
    for row in csvRead:         #逐行遍历读取 CSV 文件行内容
        print(row)              #输出每行
```

```
runfile('D:/python/csvreader. py')
['姓名', '学号', '性别', '政治理论', '大学语文', '大学英语', '大学计算机基础']
['崔榆海', '1903001', '男', '66', '71', '86', '80']
```

['杜兴平', '1903002', '男', '65', '78', '85', '76']
['李顺康', '1903004', '男', '66', '75', '86', '69']

代码中用到了内置函数 next(),next()函数的功能是返回下一个输入行,从文件对象读取下一个输入行。其格式为:

next(要读取行的文件对象)

7.4.2 csv.writer 对象和 CSV 文件的写入

可用 csv.write 对象接收一个 CSV 文件,以便写入数据内容到该 CSV 文件中。其格式如下:

CSV 写对象名 = csv.write (CSV 文件)

其中,CSV 文件为文件对象或列表对象,csv. write()对象接收一个 CSV 文件,返回一个 CSV 写对象,以便能把列表对象等数据写入 CSV 文件中。CSV 写对象是任何支持写方法的对象,支持下列格式调用 writerow ()和 writerows ()方法。

写入一行数据格式:

CSV 对象名. writerow (行对象)

写入多行数据格式:

CSV 对象名. writerows (多行对象)

例 7-14　用 Python 在当前目录创建一个名为"第 1 学期成绩表.csv"文件,表的第一行字段名为:'姓名'、'学号'、'大学语文'、'大学英语'、' python ',第二行数据为:'崔榆海', '1903001 ','66 ', '71 ', '86 ',第三行数据为:'杜兴平', '1903002 ','65 ', '78 ', '85 '。

问题分析:第一步,CSV 文件操作需要用 import 导入 CSV 模块;第二步,表头和数据分别把数据赋给列表变量;第三步,用 with 语句 open 函数以覆盖写模式新建 CSV 文件赋给对象文件 f;第四步,用 csv.write 创建 CSV 对象;第五步,用 CSV 对象调用 writeow 和 writerows 方法写入表头和数据。代码如下:

```
import csv          #导入 CSV 模块
head = ['姓名', '学号', '大学语文', '大学英语', ' python ']
rows = [('崔榆海', '1903001 ','66 ', '71 ', '86 '),('杜兴平', '1903002 ','65 ', '78 ',
 '85 ')]
with open(r"第 1 学期成绩表.csv" ,"w" ,newline='') as f:  #创建一个可写的 CSV 文件
    csvWrite = csv.writer(f)             #创建要写入内容的 CSV 对象 csvWrite
    csvWrite.writerow(head)              #写入一行(标题)
    csvWrite.writerows(rows)             #写入多行(数据列表 rows)
```

运行程序后,用 Excel 打开当前目录下的文件"第 1 学期成绩表.csv"。其内容如图 7-1 所示。

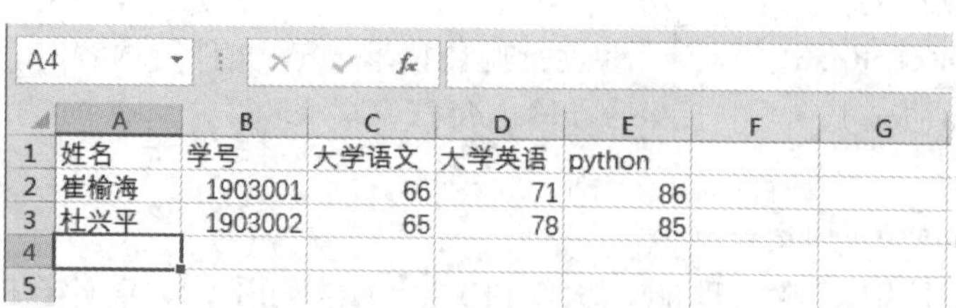

	A	B	C	D	E	F	G
1	姓名	学号	大学语文	大学英语	python		
2	崔榆海	1903001	66	71	86		
3	杜兴平	1903002	65	78	85		
4							
5							

图 7-1　第 1 学期成绩表.csv(1)

例 7-15　在上例建的“第 1 学期成绩表.csv”文件中添加一行数据:'郑学华','1903012',91,81,97。

问题分析:与上例不同之处是,将 open 函数中的“w”覆盖写模式改为“a”追加写入模式。代码如下:

```
import csv          #导入 CSV 模块
row = ['郑学华','1903012',91,81,97]
with open("第 1 学期成绩表.csv","a",newline='') as f:  #追加写模式打开 CSV 文件
    csvWrite = csv.writer(f)            #创建要写入内容的 CSV 对象 csvWrite
    csvWrite.writerow(row)              #追加写入一行
```

运行程序后,用 Excel 打开当前目录下的文件“第 1 学期成绩表.csv”。其内容如图 7-2 所示。

	A	B	C	D	E	F	G
1	姓名	学号	大学语文	大学英语	python		
2	崔榆海	1903001	66	71	86		
3	杜兴平	1903002	65	78	85		
4	郑学华	1903012	91	81	97		
5							

图 7-2　第 1 学期成绩表.csv(2)

7.5　应用实例

例 7-16　在当前目录创建文件 data.txt,每行存放一个 1~100 的整数,共 1 000 行并显示出来。

问题分析:用 open 方法以覆盖写模式创建文件,用 range 函数生成 0~1 000 数控制循环次数,每循环一次由 random 产生一个 1~100 的整数,用 write 方法写入文件中,再用 read 方法读取后显示。代码如下:

```
import random          #导入随机函数
f = open("data.txt","w+",encoding='utf-8')   #覆盖写模式创建并打开文件
for i in range(1000):                        #循环 1000 次
    n = int(random.random() * 100)          #产生 100 以内的随机整数
    f.write(str(n) + "\n")                  #转换为字符写入后换行
f.seek(0)                                    #指针指向文件开头位置
print(f.read())                              #读入并显示
f.close()
```

例 7-17　编写一个程序,提示用户输入其名字;用户做出响应后,将其名字写入文件 name.txt 中,再读取显示出来。

问题分析:用 while 无限循环,当输入 n 时退出循环,用 with open 语句打开新建文件追加模式,结束时自动关闭文件。写入内容、将指针定位到文件开头,再读取并显示出来。代码如下:

```
while True:
    name = input('请输入您的姓名(n 结束):')
    if name == 'n':
        break;
    with open('name.txt','a+',encoding='utf-8') as f:  #追加写模式打开
        f.write(name)
        f.write('\n')        #文本末尾添加换行符
        f.seek(0)            #指针指向文件开头位置
        content = f.read()  #读取写入的文本文件内容
        print(content)
```

例 7-18 在当前目录创建一个 abc.txt 文件,用写语句写入内容“abc 你好”,然后以二进制文件模式读取并显示对应的编码值。

问题分析:定义一个文本文件写函数,定稿文本内容。定义读函数,以二进制模式读取方式打开文件读取的汉字是十六进制格式,用 for 循环遍历输出对应编码值。代码如下:

```
def writeFile():
    f = open("abc.txt", "wt")   #以覆盖写文本模式创建文本文件
    f.write("abc 你好")
    f.close()
def readFile():
    f = open("abc.txt", "rb")     #以二进制只读模式打开文件
    data = f.read()
    for i in range(len(data)):      #遍历每个字符
        print(data[i],end=" ")   #输出每个字符的编码值
    f.close()
try:
    writeFile()
    readFile()
except Exception as err:
    print(err)
```

运行结果如下:

97 98 99 196 227 186 195

例 7-19 在当前目录创建一个名为“studentdata.csv”的文件,从键盘输入学生姓名、学号、性别、年龄信息存入 CSV 格式文件中。姓名不能为空,学号为整数,性别为“男”或“女”,然后读取该 CSV 文件中的数据并显示出来。

问题分析:定义一个添加学生信息函数,以覆盖读写模式创建 CSV 文件,用 try-except 和 raise 语句处理输入空字符、类型错误等异常信息;建一个列表存储输入的信息,用 CSV 写入方法写入 CSV 文件中。定义一个显示学生信息的函数,以只读模式打开 CSV 格式文件,调用 CSV 读方法获取内容显示出来。程序为:

```
import csv
def add():
```

```
    head = ['姓名', '学号', '性别', '年龄']
    f=open("studentdata.csv","w+",newline='')       #创建一个 CSV 文件
    csvWrite = csv.writer(f)
    csvWrite.writerow(head)             #写入一行(标题)
    while True:
        try:
            name = input('请输入学生姓名:(r--返回)')
            if name=='r':
                f.close()
                break
            if name.strip ()=="":
                raise Exception ("无效的姓名")     #主动抛出异常
            num = int(input('请输入学号:'))
            ch = input('请输入性别:')
            if ch !='男' and ch !='女':
                raise Exception ("无效的性别")     #主动抛出异常
            eng = input ('年龄:')
            eng = int(eng)
            if eng <= 6 :
                raise Exception ("无效的年龄")     #主动抛出异常
            datas1 = [name,num,ch,eng]          #存入列表中
            csvWrite.writerow(datas1)         #追加写入一行
        except Exception as err:              #捕捉异常
            print (err)
            return None
def show():
    path = 'studentdata.csv'
    with open(path, "r")  as  f:      #只模式打开文件
        csvRead  =  csv.reader(f)      # 创建 csvRead 对象返回可遍历对象 f
        head  =  next(csvRead)      #用函数内置 next()返回 CSV 文件首行
        print(head)
        for row in csvRead:           #逐行遍历读取 CSV 文件行内容
            print(row)                #输出每行

while True:
    print("1: 添加学生信息")
    print("2: 显示学生信息")
    print("3: 退出")
    s = input("请选择操作项>>>")
    if (s == "1"):
        add()      #调用显示信息的方法
```

```
    elif (s == "2"):
        show()  #调用接收插入信息的方法
    elif (s == "3"):
        print("再见!")
        break
```

实训与习题 7

实训

1.从键盘输入一些字符,逐个把它们写入文本文件中,直到输入一个"#"为止。

实训要点:

(1)以写方式创建文本文件;

(2)用循环语句终止输入字符;

(3)输入字符串;

(4)将键盘输入字符写入文本文件操作。

2.在当前目录下的 data.txt 文件中有如下数据:98 87 100 65 0 58。读取这些数据存入列表中。

实训要点:

(1)打开文本文件;

(2)读取文件内数据;

(3)遍历数据;

(4)用 split 函数以空格分割并存入列表中。

3.用 Excel 生成如表 7-1 所示的文件,保存为 stu_1.csv;然后读取该文件,生成一个 stu_2.csv,如表 7-2 所示。

表 7-1 学生成绩表 1

姓名	学号	大学语文	大学英语	高等数学
张　明	19001	89	90	78
李　芳	19002	90	92	68
赵光明	19003	67	76	69
陈东东	19004	74	58	66

表 7-2 学生成绩表 2

姓名	学号	大学语文	大学英语	高等数学	总分
张　明	19001	89	90	78	257
李　芳	19002	90	92	68	250
赵光明	19003	67	76	69	212
陈东东	19004	74	58	66	198

```
fr=open("example.csv","r",encoding="gb18030")
fw=open("eaxample_2.csv","w")
ls=[]
lso=[]
for line in fr:
    line=line.replace("\n","")
    ls.append(line.split(","))
for i in range(len(ls)):
    if i==0:
        ls[i].append('总分')
    else:
        x=eval(ls[i][2])+eval(ls[i][3])+eval(ls[i][4])
        ls[i].append(str(x))
for row in ls:
    fw.write(','.join(row)+'\n')
fr.close()
fw.close()
```

习题

1.文本文件的读取和写入基本步骤是什么？

2.从键盘输入一个字符串，将小写字母全部转换成大写字母，然后输出到一个文本文件“test.txt”中保存。

3.从键盘输入一些字符，逐个把它们写入文本文件中，直到输入一个“#”为止。

4.设一个文本文件 marks.txt 中存储了学生的姓名及成绩如下：

张明 96

李芳 95

每行为学生姓名与成绩，编写一个程序读取这些学生的姓名与成绩并按成绩的从高到低的顺序输出到另外一个文件 sorted.txt 中。

5.将第 4 题中的两个学生数据写入一个名为 marks.csv 文件中，再读出并输出到显示器上。

6.编写一个程序，它能统计一篇英文文章中的各个字母出现的次数（不分大小写），并按出现次数的多少按顺序输出。

7.用文本文件方式创建文件并写入“abc\nxyZ\r\nl23\r”字符串，再用二进制方式打开读取每个字节，看看每个字节是什么。

8 Python 网络编程

网络编程是实现各类网络应用的基础,现在大部分网络程序是基于 Socket 的。有效地构建具有丰富功能的客户端和服务器端是 Python 网络编程者的目标。Python 标准库中提供了对网络编程的良好支持。

■本章学习要点

(1) 网络的基本概念;
(2) socket 的基础知识;
(3) TCP 的服务器端创建;
(4) TCP 的客户端创建;
(5) 异步通信方式。

8.1 网络基础

在学习网络编程之前,有必要先了解一下跟编程有关的网络知识。

8.1.1 网络的基本概念

所谓计算机网络,是指将地理位置不同的计算机通过通信线路连接实现资源共享和信息传递。这里所说的计算机通常称为主机。

网络编程是指通过程序实现两台(或多台)主机之间的数据通信。要想实现这一目标,首先要建立连接,然后按照事先规定好的格式进行数据传输,从而完成主机之间的信息传输。实际的网络通信要复杂很多,但 Python 语言提供了丰富的网络类,这些类屏蔽了底层的实现细节,只要知道一些网络基础知识就可以编写出满足用户需求的程序。

8.1.1.1 地址和域名

为了能够方便地识别接入网络的主机，每台主机都有一个唯一的身份标识，就是 IP 地址。IP 地址由 32 位二进制数组成（根据 IP 协议的不同分为 IPv4 和 IPv6 地址，在这里只讨论 IPv4 地址）。为了方便记忆通常写成 4 个 0～255 的数字，如 168.192.0.1。在互联网层中，标志主机的方法是使用 IP 地址，每台接入网络的主机都拥有一个唯一的 IP 地址，这也是实现主机之间进行网络通信的前提条件。如 192.168.0.1 就是一个内网主机的 IP 地址。通过对 IP 地址的类别划分，可以将整个 Internet 网络划分成不同的子网。

实际上，在访问网络主机的时候更多的是使用另外一种标识，即主机名+域名的形式。例如，www.baidu.com，其中 baidu.com 为域名，www 为主机名。这种形式把枯燥无味的数字变成通俗易懂的名字，便于记忆与使用。但在网络通信中用的还是 IP 地址，而这个将名字转换成对应 IP 地址的工作就由域名解析系统 DNS 来完成，不需要用户来操心。

8.1.1.2 端口和 socket

有了主机的 IP 地址还不能与其进行通信，网络同时运行有多个网络进程，还要知道和哪个进程进行通信才能保证数据传输的准确性。每个通信进程分配有一个唯一的数字标识，即端口（Port）。这些不同的端口号表示不同的应用。例如，Web 服务的端口号是 80，80 端口一般来说是 HTTP 协议，而 23 号端口则是 Telnet 协议等。一台主机可以根据端口来区分收发的数据，多个进程同时运行也不会出现相互干扰。标志一个主机上的应用可以通过地址-端口对来表示，即网络通信的标识由两部分组成：主机 IP 地址+端口号，这两者合在一起叫作套接字（socket）。socket 在应用程序中创建，通过绑定与网络驱动建立关系。此后，应用程序送给 socket 的数据，由 socket 交给网络驱动程序发送出去。计算机从网络上收到与该 socket 绑定的 IP 地址和端口号相关的数据后，由网络驱动程序交给 socket，应用程序便可从该 socket 中提取接收到的数据，网络应用程序就是这样通过 socket 进行数据的发送与接收的。socket 编程也已经成了网络中传送和接收数据的首选方法。

8.1.1.3 C/S 模式

网络通信采取的是“请求—响应”模型，即有一方首先发起请求，另一方根据请求进行响应，从而建立起连接。在编程中，首先发起请求的这一方被称作客户端（Client），接受请求的另一方被称作服务器端（Server），这种网络编程的模式被称为客户端/服务器端模式，简称 C/S 模式。如常使用的 QQ 就是典型的 C/S 模式。

使用 C/S 模式，需要分别安装客户端和服务器端程序，对应的客户端程序才能与服务器端通信。客户端程序不具备通用性，这也是为什么手机当中安装很多个 App（客户端应用程序）的原因。

有一些应用不需要安装额外的客户端程序，只要有一个浏览器（Browser）就可以访问，这种模式被称为 B/S（Browser/Server）模式，但其本质仍是 C/S 模式。

8.1.1.4 进程与线程

进程是指内存中运行的应用程序，每个进程都有自己独立的一块内存空间。比如在 Windows 系统中，一个运行的 exe 文件就是一个进程。

线程是指进程中的一个执行流程，一个进程中可以运行多个线程。比如运行一个 exe 进程中可以运行很多线程，线程总是属于某个进程，进程中的多个线程共享进程的内存。

8.1.2 TCP 协议和 UDP 协议

网络通信中一个最重要的概念就是协议。网络协议实现起来很复杂,但理解很容易。网络协议是指为计算机网络中进行数据交换而建立的规则、标准或约定的集合。网络协议有很多,而在编程中主要用的两个通信协议是 TCP 协议和 UDP 协议。

8.1.2.1 TCP 协议

传输控制协议 TCP 是指一种面向连接的可靠的传输协议,采用通信双方相互应答的方式来保证数据传送的可靠性。TCP 为传输层的协议,而 IP 则为网络层的协议。目前,大部分网络通信采用 TCP 协议。

8.1.2.2 UDP 协议

用户数据报协议(User Datagram Protocol,UDP)是一种面向无连接的传输协议,不需要通信双方事先建立连接和应答就进行传输。所以,该协议简单,效率更高,但不保证通信的可靠性。这种协议适用一些简单的网络应用。

8.2 网络通信程序

8.2.1 同步通信

网络编程是基于 socket 的编程。Python 标准库中支持套接口的模块是 socket,其中包含生成套接字、等待连接、建立连接和传输数据的方法。任何应用程序都需要使用套接字,都必须调用 socket 方法生成一个套接字对象。

在建立 socket 连接时,有 TCP 和 UDP 两种连接方式。UDP 连接方式传输速度快,无连接,资源开销小。但是,该连接方式容易丢数据,传输数据不可靠,没有流量控制,当对方没有及时接收数据时,发送方一直发送数据会导致接收方电脑的缓冲区数据过满,导致电脑出现卡死的情况。TCP 连接方式虽然传输速度慢,占用系统资源高,但是,可靠、稳定,适合传输大量数据。下面介绍 TCP 单进程连接方式。

8.2.1.1 同步通信过程

在程序运行中,为使不同的动作协调有序,需要线程同步。线程同步是指当程序中有多个线程时,假设它们同时访问同一个变量,一些线程读数据,一些线程写数据,可能会出现读写错误,这时就需要对这些线程的数据访问进行控制,使之协调有序。即当有一个线程在对内存进行操作时,其他线程都不可以对这个内存地址进行操作,直到该线程完成操作,其他线程才能对该内存地址进行操作,而其他线程又处于等待状态。比如客户端在发送请求之后必须等到服务器回应之后才可以发送下一条请求。在这个端口,如果同时来了两个客户端请求,第一个连接得到响应,与服务端建立通讯,而第二个请求就会被一直阻塞直到第一个请求完成操作。

在 TCP 单线程连接方式中,服务器端与客户端的通信实现是同步的。服务器端一次只能支持一个客户端接入,而且也只能单线程接入,操作没完成再来一个客户端请求就会被阻塞。对服务器端而言,首先需要调用 bind 方法绑定一个套接口地址,接着使用

listen 方法开始监听客户端请求。当有客户端请求过来的时候,将通过 accept 方法来生成一个连接对象。然后,就可以通过此连接发送和接收数据了。数据传输完毕后可以调用 close 方法将生成的连接关闭。服务器端通信过程如图 9-1 所示。

客户端应用程序在生成了套接字对象后,可以调用 bind 方法来绑定自己的请求套接口地址,然后调用 connect 方法来连接服务器端进程。在连接建立后,就可以使用 send 方法和 recv 方法来传输数据了。同样,最后也需要使用 close 方法将端口关闭。客户端通信过程如图 9-2 所示。

图 9-1　服务器的通信过程

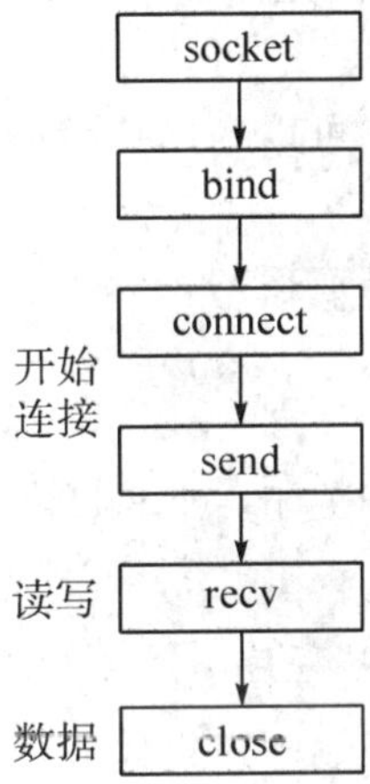

图 9-2　客户端的通信过程

8.2.1.2　网络通信的相关方法

(1)socket()方法

socket()方法用于创建与指定的服务提供者绑定套接字。socket()方法的格式为:

socket=socket.socket(familly,type)

参数 familly 指定协议的地址家族,可为 AF_INET 或 AF_UNIX。AF_INET 家族包括 Internet 地址,AF_UNIX 家族用于同一台机器上的进程间通信。type 指定套接字的类型,包括 SOCK_STREAM、SOCK_DGRAM 和 SOCK_RAW 三种。

(2)bind()方法

bind()方法可以将本地地址与一个 Socket 绑定在一起。bind()方法的格式为:

socket.bind(address)

参数 address 是一个双元素元组,格式是(host,port)。host 代表主机,port 代表端口号。

(3)listen()方法

listen()方法可以将套接字设置为监听接入连接的状态。listen()方法的格式为:

listen(backlog)

参数 backlog 指定等待连接队列的最大长度。

(4)accept()方法

在服务器端调用 listen()方法监听接入连接后,可以调用 accept()方法来等待接受连接请求。accept()方法的格式为:

connection, address = socket.accept()

调用 accept( )方法后，socket 会进入 waiting 状态。客户请求连接时，accept( )方法会建立连接并返回服务器。accept( )方法返回一个含有两个元素的元组(connection，address)。第一个元素 connection 是新的 socket 对象，服务器必须通过它与客户通信；第二个元素 address 是客户的 Internet 地址。

(5) recv( )方法

调用 recv( )方法可以从已连接的 Socket 中接收数据。recv( )方法的格式为：

buf = sock.recv(size)

参数 sock 是接收数据的 socket 对象，参数 size 指定接收数据的缓冲区的大小。

(6) send( )方法

调用 send( )方法可以在已连接的 socket 上发送数据。send( )方法的格式为：

sock.recv(buf)

参数 sock 是在已连接的 socket 上发送数据。参数 buf 也是在已连接的 socket 上发送数据。

(7) close( )方法

close ( )方法用于关闭一个 Socket，释放其所占用的所有资源。socket( )方法的格式为：

s.closesocket( )

8.2.1.3 服务端程序

使用 cmd 命令行中打开到代码所在文件目录，执行命令格式为：python 服务器端文件名 . py。

例 8-1 服务器端程序 server1. py，代码如下：

```
import socket                      #导入 socket 模块
s = socket.socket()                #生成 socket 对象
host = socket.gethostname ()       #调用 gethostname 方法连接服务器端
port = 4567                        #连接的端口号
s.bind((host, port))               #绑定 socket 地址
s.listen ()                        #开始监听
print(host, "在监听…")
while True:
    c = s.accept()[0]              #接受客户端连接
    print("客户端连接")
    try:
        data="欢迎,我是服务器".encode()   #待发送数据
        n = c.send(data)           #发送字符串数据 data
        d = c.recv(1024)           #读取数据最大接收 1 024 字节
        if d == 1:
            f = d.decode()         #字符串编码方式把数据解码转为字符串
            print(f)
        else:
            c.send("连接失败" .encode())
        c.close()                  #关闭客户端连接的 socket
```

```
            s.close()                #关闭服务器端 socket
        except Exception as e:
            print(e)
```

8.2.1.4 客户端程序

使用 cmd 命令行中打开到代码所在文件目录,执行命令格式为:python 客户端文件名.py。

例 8-2 客户端程序 client1. py,代码如下:

```
import socket                    #导入 socket 模块
input("按任意键开始连接接服务器…")
try:
    s = socket.socket()                #生成 socket 对象
    host = socket.gethostname ()       #调用 gethostname 方法连接服务器
    port = 4567                        #连接的端口号
    s.bind((host, port))               #绑定 socket 地址
    print("连接服务器成功")
    d =s.recv(1024)                 #读取数据最大接收 1 024 字节
    d = d.decode()                  #字符串编码方式把数据解码转为字符串
    print(d)
    s.send("我是客户端".encode())         #发送字符串数据 data
    s.close()                  #关闭服务器端 socket
except Exception as e:
    print(e)
```

使用 cmd 命令行中打开到代码所在文件目录,执行命令格式为:python 客户端文件名.py。

8.2.2 异步通信

异步和同步是相对的,异步是让调用方法的主线程不需要同步等待另一线程的完成,从而可以让主线程干其他的事情。比如客户端请求之后,不必等到服务器回应之后就可以发送下一条请求。对同时来的两个或者多个请求,服务端同时响应多个客户端。线程就是实现异步的一个方式。在通信过程中,服务器端应用程序能够同时处理多个连接,实现多客户端的是异步通信。

python 可以通过 thread 或 threading 模块实现多线程,threading 相比于 thread 提供了更高阶、更全面的线程管理。可调用 threading 模块的 threading.Thread 方法创建多线程对象。其语法格式为:

threading.Thread(target=函数名,args=(函数参数 1,… 函数参数 n),name='线程名')

8.2.2.1 服务器端程序

把监听多个客户端放进一个 while 循环,将监听放入主线程,将处理放进子线程。

例 8-3　服务器端程序 server2. py,代码如下：

```
import threading   #导入多线程模块 threading
import socket      #导入套接字 socket 模块
import time        #导入操作系统 time 服务模块
def func(cnn):  #子线程
    while True:
        try:
            request = cnn.recv(1024) #接收客户端发来的数据,阻塞直到有数据到来
            if len(request)==0:
                cnn.close()  #关闭为这个客户端服务的 socket
                break
            print('%s 接收到来自客户端%s 的信息,信息内容为:%s' % (time.strftime("%D %H:%M:%S"),cnn.getpeername(),request.decode('utf-8')))
            cnn.send(b'%s' % request)#返回响应数据,将客户端的数据原样返回
        except ConnectionResetError:
            pass
s = socket.socket(socket.AF_INET, socket.SOCK_STREAM)  #创建套接字
s.bind(('127.0.0.1', 4567))  #绑定 IP 地址和固定端口
s.listen(5)   #socket 默认主动连接,调用 listen()函数将 socket 变为被动连接
while True:         # 为多个客户端服务
    print("等待客户端接入中")
    cnn, addr = s.accept()   #等待客户的链接
    th = threading.Thread(target=func, args=(cnn,), daemon=True)
    #子线程为每个新的客户连接创建一个线程,用来处理客户数据
th.start()     #启动线程
```

8.2.2.2　客户端程序

例 8-4　客户端程序 client2. py,代码如下：

```
from socket import *       #导入套接字 socket 模块
import time       #导入操作系统 time 服务模块
client = socket(AF_INET,SOCK_STREAM)  #SOCK_STREAM 代表 TCP 协议
client.connect(('127.0.0.1',4567))  #通过服务端 IP 和 PORT 进行连接
print(client.getpeername())#返回套接字的远程地址(ipaddr,port)
while True:
    client.send('hello,python'.encode('utf-8'))#将发送信息转码成 Bytes 型数据
    data = client.recv(1024)  #每次最大收数据大小为 1 024 字节
    print('客户端接收响应数据:'+ data.decode('utf-8'))#将数据转换成字符串格式
    time.sleep(1)     #一次传输完毕
client.close()     # 关闭客户端连接
```

8.3 网络传输文件

客户端选择一个文件上传给服务器,服务器接收文件后保存该文件到磁盘。由于网络的数据是连续的二进制数据流,它们之间必须有一个协议,使用 socket 与服务器建立 TCP 连接,使用 open 函数以二进制模式读取文件,并分割成指定大小的数据包发送,规定在传输的开始先发送文件名,在传输的结尾发送停止代号。客户端与服务器端约定协议如下:

(1)服务器在监听,等待客户端连接;

(2)客户端输入要上传的文件名称 fileName;

(3)客户端读出文件数据 data,计算文件长度 size;

(4)客户端去掉 fileName 的路径部分,保留最后的文件名称;

(5)客户端连接服务器,连接成功后上传文件名称字符串 fileName;

(6)客户端上传文件字节数 size 整数;

(7)服务器接收到客户端连接,创建一个 Socket 的通信对象;

(8)服务器读取文件名称 fileName 字符串;

(9)服务器读取文件字节数 size 整数;

(10)服务器创建 fileName 文件准备写文件;

(11)服务器从 Socket 中读取 size 个字节并保存到 fileName 文件中;

(12)服务器接收文件结束,最后向客户端发送“OK”信息,最后关闭 Socket 对象;

(13)客户端接收到“OK”信息并关闭 Socket 对象,上传过程结束。

例 8-5　客户端程序 client3.py,代码如下:

```
import socket
sk = socket.socket()          #实例化
ip_port = ('127.0.0.1',4567)   #定义连接的 ip 和 port
sk.connect(ip_port)                #连接服务端
with open('D:\python\socket\one.py','rb') as f: #打开文件
    for i in f:                 #按每一段分割文件上传
        sk.send(i)          #等待接收完成标志
        data=sk.recv(1024)
        if data != b'success':   #判断是否真正接收完成
            break
 sk.send('quit'.encode())#给服务端发送结束信号
 sk.close()    #关闭连接
```

例 8-6　服务器端程序 server3.py,代码如下:

```
import socket
sk = socket.socket()       #实例化
ip_port = ('127.0.0.1',4567)    #定义连接的 ip 和 port
```

```
sk.bind(ip_port)                    #绑定端口
sk.listen(5)                        #最大连接数
conn, address = sk.accept()   #接受客户端连接
print("文件接收开始")
while True:                              #进入循环接收数据
    with open('file','ab') as f:
        data = conn.recv(1024)        #接收数据
        if data == b'quit':
            break
        f.write(data)             #写入文件
        conn.send('success'.encode())    #接受完成标志
print("文件接收完成")
sk.close()        #关闭连接
```

实训与习题8

实训

学习采用socket(套接字)设计简单的网络数据收发程序。

实训要点：

(1)理解应用数据包是如何通过传输层进行传送的；

(2)使用TCP进行数据收发。

习题

1.什么是C/S模式？

2.TCP和UDP有什么区别？

3.什么是socket？简述基于TCP协议的套接字通信流程。

9 图形界面设计

相对于字符界面的控制台应用程序,基于图形化用户界面的应用程序可提供丰富的用户交互界面,从而实现各种复杂功能的应用程序。使用 Python 语言,可以通过多种 GUI 开发库来进行图形界面开发。这些开发库中包含内置在 Python 发行版中的 Tkinter 以及 PyQT、PyGTK、Jypthon、IronPython 等。本章将具体使用 Python 内置的 Tkinter 标准库进行 GUI 开发学习。

■本章学习要点

(1) Tkinter 模块的导入;
(2) Tkinter 的常用组件;
(3) 几何布局管理器;
(4) 事件处理。

9.1 图形用户界面设计概述

图形用户界面又称图形用户接口(Graphical User Interface,GUI),是指采用图形方式显示的计算机操作用户界面。Tkinter (tk interface)是 Python 的标准 GUI 库,支持跨平台的图形用户界面应用程序开发,包括 Windows、LINUX、Unix 和 Macintosh 操作系统。Tkinter 的特点是简单实用,适用于小型图形界面应用程序的快速开发。Tkinter 开发的图形界面,其显示风格是本地化的。Python 自带的 IDLE 就是它开发的。

图形用户界面一般包含一个顶层窗口(也称根窗口、主窗口)。在主窗口中,可以包含各种可视化组件及属性,如标签控件、按钮等组件。Tkinter 封装了访问 tk 的接口,主窗口通过实例化类 tk 来创建。

GUI 设计就相当于搭积木,每个积木块应该放在哪里、放置多大的积木块等。用

tkinter 模块设计一个 GUI 程序一般需要以下 5 步：

第 1 步，导入 tkinter 模块。导入 tkinter 模块一般有以下三种方式：

导入 tkinter 模块用 import tkinter 语句；

导入 tkinter 模块为 tk 用 import tkinter as tk 语句；

导入 tkinter 模块的所有内容用 from tkinter import * 语句。

第 2 步，创建一个 GUI 应用程序的主窗口。通过类 tk 的无参构造函数 tk( ) 创建应用程序主窗口，如主窗口的大小和位置属性可通过函数 geometry( ) 设置。

第 3 步，构建所需要的 GUI 控件和功能。Tkinter 提供多种控件作为组件，通过对应组件类的构造函数，可以创建其实例并设置其属性。运用几何布局管理器类的 pack( ) 等 3 个方法可组织和管理组件的布局方式。

第 4 步，将每一个模块与处理事件的底层程序代码关联起来。如用户通过鼠标和键盘与图形用户界面交互时，会触发事件，通过对象实例与事件绑定，定义事件函数和方法事件以执行相应的功能。

第 5 步，执行主循环。

例如，设计一个主窗口，设置窗口标题，在主窗口中装入一个按钮控件产生一个按钮调用自定义函数功能，在标签上显示文字。

问题分析：

(1) 导入 tkinter 模块；

(2) 实例化类 tk，建立一个名为'我的 GUI 窗口'窗口，调用 geometry 函数设置窗口大小和标题属性；

(3) 自定义函数处理按钮功能，当单击时显示动作文字；加入标签组件，调用 StringVar( ) 函数与自定义函数相关联；设置标签大小、背景色、字体、字号；调用布局管理器的 pack 函数把标签控件加入主窗口；

(4) 加入一个按钮组件，通过 command 调用自定义函数处理按钮事件；

(5) 执行循环显示。

代码如下：

```
import tkinter as tk      #导入 tkinter 模块
hit = False
def hitMe( ):          #定义 hitMe 函数供点击 Button 按键时调用，实现显示文字功能
    global hit
    if hit == False:          #设置 set( ) 显示文字事件条件
        hit = True
        var.set('你完成了单击动作')      #调用函数 set( ) 显示文字内容
    else:
        hit = False
        var.set('')
win = tk.Tk( )                #实例化类 tk，建立主窗口 win 对象
win.geometry('400×300')   #用 win 调用 geometry 函数，设定主窗口的大小（长×宽）
win.title('我的 GUI 窗口')      #给窗口的可视化起名字"我的 GUI 窗口"
var = tk.StringVar( )          #用 StringVar 接收 hitMe 函数传出的文字以显示在标签上
```

```
lab = tk.Label(win, textvariable=var, bg=' blue ', fg=' white ', font=(' Arial ', 12),
width=20, height=2)    #调用标签组件,显示标签字,设置长高、背景色、字体字号
lab.pack()          #标签对象调用布局管理器的 pack 函数,将标签组件加到主窗口中
b = tk.Button(win, text='单击我', font=(' Arial ', 12),
width=10, height=1, command = hitMe)      #调用按钮组件,调用自定义函数
b.pack()                                   #在窗口界面设置 Button 按键
win.mainloop()                             #循环显示
```

运行结果如图 9-1 所示。

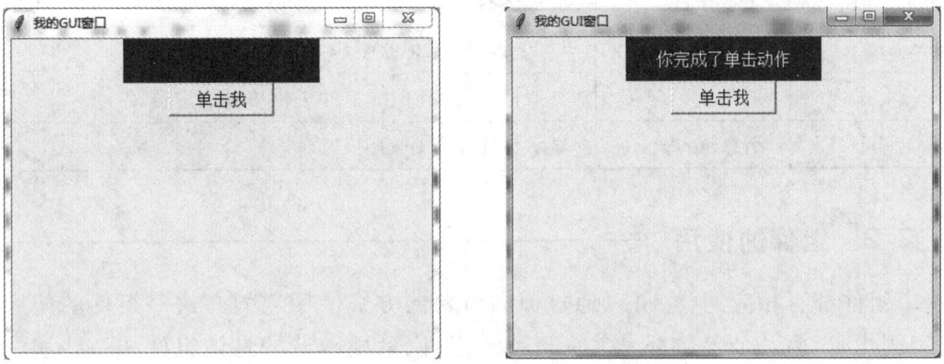

图 9-1　主窗口及按钮事件结果

9.2　Tkinter 组件

9.2.1　Tkinter 常用组件

组件也称控件。组件是 GUI 程序开发的基石,是构成 GUI 程序的最小组成。在 Python 的 Tkinter 中,目前有 21 个核心组件。Tkinter 常用控件如表 9-1 所示。

表 9-1　Tkinter 常用控件

组(控)件	名称	描述
Button	按钮控件	显示按钮
Canvas	画布控件	显示图形元素如线条或文本
Checkbutton	多选框控件	提供多项选择框
Entry	输入控件	显示简单的文本内容
Frame	框架控件	显示一个矩形区域,多用来作为容器
Label	标签控件	显示文本和位图
Listbox	列表框控件	显示一个字符串列表给用户
Menubutton	菜单按钮控件	显示菜单项

表9-1(续)

组(控)件	名称	描述
Menu	菜单控件	显示菜单栏,下拉菜单和弹出菜单
Message	消息控件	显示多行文本,与 label 比较类似
Radiobutton	单选按钮控件	显示一个单选的按钮状态
Scale	范围控件	显示一个数值刻度,为输出限定范围的数字区间
Scrollbar	滚动条控件	当内容超过可视化区域时使用,如列表框
Text	文本控件	显示多行文本
Spinbox	输入控件	与 Entry 类似,但是可以指定输入范围值
Toplevel	顶层	类似框架,为其他的控件提供单独的容器
tkMessageBox	消息框	显示你应用程序的消息框

9.2.2 组件的使用

每个组件都有相应的类,可以通过面向对象的方式使用它们。这些组件的使用很相似,在实例化时,第一个参数都是父窗口或父组件,后面跟着的是该组件的一些属性。有的组件提供了一些方法,且有的方法是共用的。组件的语法基本格式为:

实例名 = 组件名(master, option, …)

其中,参数 maste 为父窗口或父组件,如主窗口;参数 options 为该组件的可设置的属性,这些选项可以用字典(键 = 值)的形式设置,并以逗号分隔。

每个组件有各自的属性,但有一些属性是共有的。常用共有属性如表 9-2 所示。

表 9-2 常用共有属性

共有属性(option 参数)	描述
background(bg)	背景颜色
foreground	前景颜色
Font	指定控件内部文本的字体
Anchor	指定控件信息停靠位置
Width、height	设置组件的宽度和高度
Bitmap	指定一个位图在控件中显示
text	设置显示的内容

9.3 几何布局管理器

Tkinter 几何布局管理器用于组织和管理在父组件中子配件的布局方式。Tkinter 提供了 pack、grid 和 place 三种不同的几何布局管理器。其语法格式为:

几何布局管理器（option = value,…）

option 参数有多项选择,各个布局管理器有各自属性值。

9.3.1 pack 几何布局管理器

pack 几何布局管理器采用块的方式组织组件。pack 根据组件创建生成的顺序将子组件添加到父组件中,通过设置选项,可以控制子组件的位置等。采用 pack 的代码量最少,故在快速生成界面设计中被广泛采用。

在程序中调用子组件的函数 pack,则该子组件在其父组件中采用 pack 布局。pack 提供的 option 参数如表 9-3 所示。

表 9-3 pack 提供的 option 参数

选项	意义	取值范围及说明
side	停靠在父组件的那一边上	“top”(默认值)、“bottom”“left”“right”
anchor	停靠对齐方式。对应于东、南、西、北、中以及四个角	“e”“s”“w”“n”“nw”“sw”“se”“ne”“center”(默认值)
fill	填充空间	“x”“y”“both”“none”
expand	扩展空间	0 或 1
ipadx ipady	组件内部在 x/y 方向上填充的空间大小	默认像素为单位,c（厘米）、m（毫米）、i（英寸）、p(打印机的点)
padx pady	组件外部在 x/y 方向上填充的空间大小	同上

例 9-1　设计一个主窗口大小为 300×130,五个按钮分别在上部、下部、左边、右边和中心,中心按钮填充绿色。代码如下：

```
import tkinter as tk
win = tk.Tk()                    #实例化类 tk,建立主窗口 win 对象
win.geometry("300×130")  #用实例 win 调用 geometry 函数,设定主窗口长×宽像素
tk.Button(win,text="按钮 1-上边").pack(side="top")
tk.Button(win,text="按钮 2-下边").pack(side="bottom")
tk.Button(win,text="按钮 3-左边").pack(side="left")
tk.Button(win,text="按钮 4-右边").pack(side="right")
tk.Button(win,text="填充区 5-中心",bg='green').pack(ipadx=150,ipady=65)
win.mainloop()
```

运行代码及结果如图 9-2 所示。

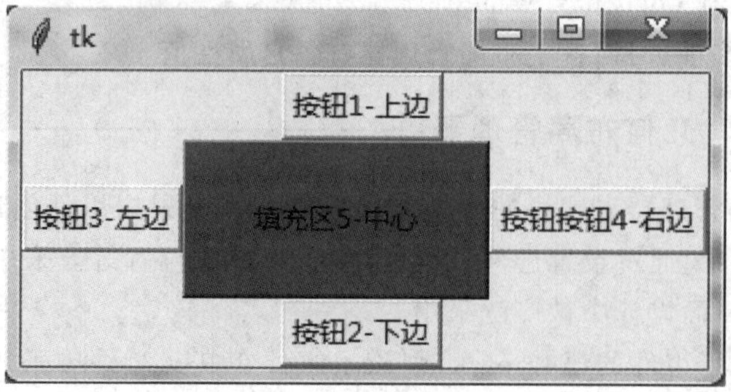

图 9-2　pack 布局结果

在代码中：

第 4 行用 tk 调用按钮组件，设置按钮在主窗口 win 中，按钮上的文字为“按钮 1-上边”，同时调用 pack 几何管理器将按钮放置在主窗口的顶部；

第 5 行用 tk 调用按钮组件，设置按钮在主窗口 win 中，按钮上的文字为“按钮 1-下边”，同时调用 pack 几何管理器将按钮放置在主窗口的底部；

第 6 行用 tk 调用按钮组件，设置按钮在主窗口 win 中，按钮上的文字为“按钮 1-左边”，同时调用 pack 几何管理器将按钮放置在主窗口的左边；

第 7 行用 tk 调用按钮组件，设置按钮在主窗口 win 中，按钮上的文字为“按钮 1-右边”，同时调用 pack 几何管理器将按钮放置在主窗口的右边；

第 8 行用 tk 调用按钮组件，设置按钮在主窗口 win 中，按钮上的文字为“填充区 5-中心，同时调用 pack 几何管理器以绿色填充在 x 方向 150 像素点、y 方向 65 像素点区域内。

第 9 行用实例 win 调用 mainloop 函数，程序就进入事件循环，一旦检测到事件，就刷新组件。

9.3.2　grid 几何布局管理器

grid 几何布局管理器采用表格结构组织组件。子组件的位置由行/列确定的单元格决定，子组件可以跨越多行/列。在每一列中，列宽由这一列中最宽的单元格确定。采用 grid 布局，可以实现复杂的界面，因而被广泛采用。

在程序中调用子组件的函数 grid，则该子组件在其父组件中采用 grid 布局。pack 提供的 option 参数如表 9-4 所示。

表 9-4　pack 提供的 option 参数

选项	意义	取值范围及说明
column	单元格列号	从 0 开始的正整数
columnspan	列跨度	正整数
row	单元格行号	从 0 开始的正整数
rowspan	行跨度	正整数
ipadx, ipady	组件内部在 x/y 方向上填充的空间大小	默认像素为单位，c（厘米）、m（毫米）、i（英寸）、P（打印机的点）

表9-4(续)

选项	意义	取值范围及说明
padx，pady	组件外部在 x/y 方向上填充的空间大小	同上
sticky	组件紧贴所在单元格的某一边角，对应于东、南、西、北、中以及四个角	“n”“s”“w”“e”“nw”“sw”“se”“ne”“center”(默认值)

例 9-2　在主窗口中设置用户名和密码标签,并在其后面设置可输入字符框。代码如下:

```
import tkinter as tk
win = tk.tk()
win.geometry("300×130")
tk.Label(win, text="用户名").grid(row=0, column=0) #设置文本内容在第0行第0列
tk.Label(win, text="密码").grid(row=1, column=1) #设置文本内容在第1行第1列
tk.Entry(win).grid(row=0, column=2)                #设置输入位置在第0行第2列
tk.Entry(win, show=" * ").grid(row=1, column=2)   #设置输入位置在第1行第2列
win.mainloop()
```

运行代码及结果如图 9-3 所示。

图 9-3　设置用户名和密码界面

9.3.3　place 几何布局管理器

place 几何布局管理器允许指定组件的大小与位置。place 的优点是可以精确控制组件的位置,不足之处是在改变窗口大小时,子组件不能随之灵活改变大小。

调用子组件的函数 place,则该子组件在其父组件中采用 place 布局。place 提供的 option 参数如表 9-5 所示。

表 9-5 place 提供的 option 参数

选项	意义	取值范围及说明
x、y	绝对坐标(像素)	从 0 开始的正整数
relx、rely	相对坐标	0 至 1 之间的浮点数
width、height	宽和高的绝对值(像素)	非负整数
relwidth relheight	宽和高的绝对值	0 至 1 之间的浮点数
anchor	对齐方式。对应于东、南、西、北、中以及四个角	“n”“s”“w”“e”“nw”(默认值)、“sw”“se”“ne”“center”

例 9-3 在主窗口中指定位置设置一个按钮。代码如下：

```
1  import tkinter as tk
2  win = tk.Tk()
3  win.geometry("300×200")
4  tk.Button(win, text ='place').place(x = 100,y = 60,width = 100,height = 50)
5  win.mainloop()
```

运行代码及结果如图 9-4 所示。

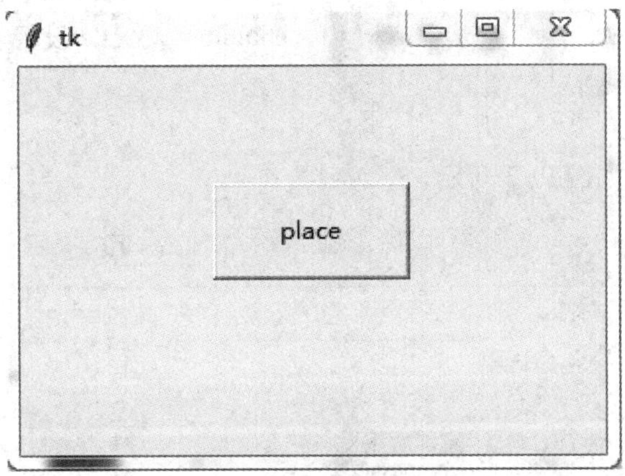

图 9-4 指定按钮位置

代码中第 4 行用 place()函数设置按钮大小为 100×50,位置绝对坐标为 x = 100, y = 60。

9.4 事件处理

用户通过鼠标和键盘与图形用户界面交互时,会触发事件。当事件发生时,就需要根据事件类型用相应的机制及函数来处理。

9.4.1 事件及类型

9.4.1.1 事件系列

Tkinter 事件采用放置于尖括号(<…>)内的字符串表示,被称为事件系列。其通用格式为：

<组合键-事件类型-具体信息>

例如：

<Control - Shift - Alt - KeyPress - A> #同时按下 Ctrl、Shift、Alt 和 A 四个键

<KeyPress - A> #按下键盘上的 A 键

<Button - 1> #单击鼠标左键

<Double - Button - 1> #双击鼠标左键

9.4.1.2 事件类型

事件主要有键盘事件、鼠标事件和组件事件。事件类型如表 9-6 所示。

表 9-6 事件类型

事件	类型	说明
键盘事件	<KeyPress>	按下键盘时触发，可以在具体信息部分指定是哪个键
	<Lock-KeyPress-A>	大写状态下按 A 键
	<KeyPress-A>	按下 A 键，A 键可用其他键替代
	<Alt-KeyPress-A>	同时按下 Alt 键和 A 键；Alt 键可用 Ctrl 键和 Shift 键替代
	<Double-KeyPress-A>	快速按两下
鼠标事件	<Button-1>	鼠标左键按下，2 表示中键，3 表示右键
	<ButtonPress-1>	鼠标左键按下，2 表示中键，3 表示右键
	<ButtonRelease-1>	鼠标左键释放
	<B1-Motion>	按住鼠标左键移动
	<Double-Button-1>	双击左键
	<Leave>	鼠标指针离开某一组件区域
	<MouseWheel>	滚动滚轮
	<Enter>	鼠标指针进入某一组件区域
组件事件	Visibility	当组件变为可视状态时触发
	Unmap	当组件由显示状态变为隐藏状态时触发
	Map	当组件由隐藏状态变为显示状态时触发
	Expose	当组件从被其他组件遮盖状态中暴露出来时触发
	Focusln	组件获得焦点时触发
	FocusOut	组件失去焦点时触发
	Configure	当改变组件大小时触发
	Activate	与组件选项中的 state 项有关，表示组件由不可用转为可用
	Deactivate	与组件选项中的 state 项有关，表示组件由可用转为不可用
	Destroy	当组件被销毁时触发

9.4.2 事件绑定

9.4.2.1 创建组件对象实例时指定

创建组件对象实例时，可以通过其命名参数“command = 事件处理函数名”指定事件处理函数。

9.4.2.2 实例绑定

调用组件对象实例方法 bind，可以为指定组件实例绑定事件。其格式为：

组件对象.bind(“事件类型”，事件处理函数名)

9.4.2.3 类绑定

调用组件对象实例方法 bind_class 函数，可以为特定组件类绑定事件。其格式为：

组件对象.bind_class(“组件类”，“事件类型”，事件处理函数名)

9.4.2.4 程序界面绑定

调用组件对象实例方法 bind_all 函数，可以为所有组件类绑定事件。其格式为：

组件对象. bind_all(“事件类型”，事件处理函数名)

9.4.3 事件处理

事件处理既可以定义为函数，也可以定义为对象的方法。两者都带一个参数：event。触发事件调用事件处理函数时，将传递 Event 对象实例。

函数格式为：

```
def handlerName (event):
    函数体
```

方法格式为：

```
def handlerName (self, event):
    方法体
```

例 9-4　在主窗口中，设置框架大小为 200×200，定义函数处理鼠标单击事件，显示鼠标左键单击的位置坐标。程序代码及运行结果如下：

```
import tkinter as tk                  #导入 tkinter 为 tk
win = tk.Tk()                         #实例化类 Tk，建立主窗口 win 对象
def callback(event):                  #定义鼠标单击事件函数
    print("点击位置:",event.x,event.y)     #输出鼠标单击位置坐标
f = tk.Frame(win,width = 200,height = 200)    #设置框架组件区域
f.bind("<Button-1>", callback)        #调用 bind 函数与事件函数绑定处理
f.pack()
win.mainloop()
```

```
runfile('D:/python/event 事件 . py')
点击位置：102 88
点击位置：61 122
点击位置：143 125
```

图 9-5　鼠标单击事件窗口

在第 6 行代码中，通过框架实例 f 调用 bind 方法，自定义 callback 函数作为 bind 的方法，去回调自定义的 callback(event)函数处理鼠标点击事件，输出左键单击框架区域内的位置坐标。

9.5　应用实例

例 9-5　创建查看文件信息的主窗口，将标签设置为“文件详细信息”，创建四个多选框选项为名称、类型、大小、日期的程序。

代码如下：

```
from tkinter import *        #导入 tkinter 模块的所有内容
import tkinter as tk         #导入 tkinter 为 tk
win = tk.Tk()                #实例化类 Tk,建立主窗口 win 对象
win.title("查看文件信息")    #创建标题
win.geometry("200×200")
label = tk.Label(win,text="文件详细信息复选框",width=20,height = 1,bg="#ffcccc",fg="#ff0000",font=("宋体",10))        # 创建 label 标签
label.pack()            # 用几何管理器显示 label
menu = ['名称', '类型', '大小', '日期']
v =[]
for te in menu:
    v.append(IntVar())         # IntVar()是处理整数的 tkinter 类对象
    b = Checkbutton(win,text=te,variable=v[-1])          #创建多选框
    b.pack(anchor=W)     #设置对齐方位,东 E 南 S 西 W 北 N
mainloop()
```

运行结果如图 9-6 所示。

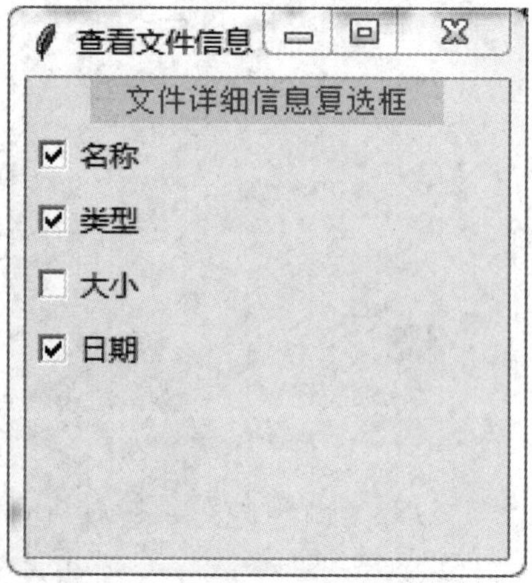

图 9-6 创建多选框

例 9-6 创建列表主窗口，创建 Listbox 并为其添加一个章节列表内容，选中章节后确认按钮显示所选章节。

代码如下：

```
import tkinter as tk
window = tk.Tk()
window.title('列表窗口')
window.geometry('300×300')
var1 = tk.StringVar()   # 创建变量，用 var1 来接收鼠标点击具体选项的内容
la = tk.Label(window, bg='green', fg='yellow',font=('Arial', 12), width=10, textvariable=var1)
la.pack()
def print_selection():                    #事件函数
    value = lb.get(lb.curselection())   # 获取当前选中的文本
     var1.set(value)                      # 为 label 设置值
 # 创建一个按钮并放置，点击按钮调用事件函数
 b1 = tk.Button(window, text='print selection', width=15, height=2, command=print_selection)
 b1.pack()
 var2 = tk.StringVar()          # 创建 Listbox 并为其添加内容
 var2.set(("第 1 页","第 2 页","第 3 页","第 4 页"))          # 为变量 var2 设置值
 lb = tk.Listbox(window, listvariable=var2)      #创建列表框，将 var2 的值赋给 Listbox
 list_items = ["第 1 章","第 2 章","第 3 章","第 4 章"] # 创建一个 list 并将值循环添加到 Listbox 组件中
 for item in list_items:
     lb.insert('end', item)  # 从最后一个位置开始加入值
 lb.pack()
 window.mainloop()
```

运行结果如图 9-7 所示。

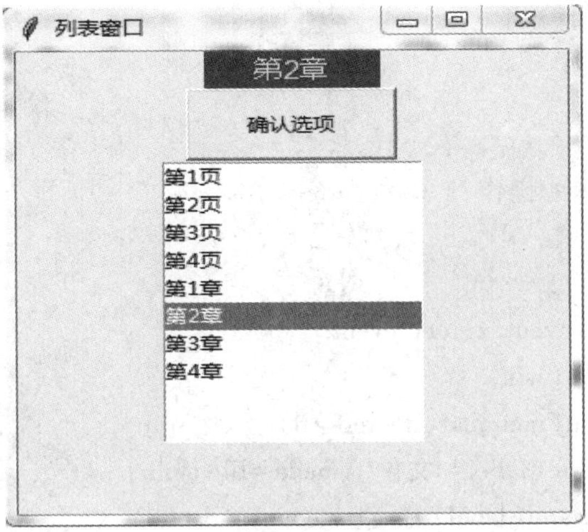

图 9-7　创建添加列表内容

例 9-7　用菜单组件设计一个简单的文件操作界面。

①创建主窗口,使用 Menu 在主窗口新建一个菜单栏,再用 Menu 建一个下拉菜单条。

②用 add_cascade 方法在下拉菜单条中添加菜单项,add_cascade 的一个很重要的属性就是 menu 属性,把下拉菜单级联到该属性菜单项上。

③用 add_command 方法在菜单中添加菜单项,如果该菜单是顶层菜单,则添加的菜单项依次向右添加。如果该菜单是顶层菜单的一个菜单项,则它添加的是下拉菜单的菜单项。

④add_command 中的参数常用的有 label 属性(以标签组件为属性),指定菜单项的名称,用 command 属性参数指定被点击的时候调用单击事件处理方法,acceletor 属性指定的是快捷键。

⑤最后可以用窗口的 menu 属性指定我们使用哪一个作为它的顶层菜单。

⑥调用组件对象实例方法 bind 绑定弹出菜单事件。弹出菜单又叫“上下文菜单”,也叫“右键菜单”。它通常是鼠标单击右键产生的菜单,鼠标右键被单击,此时可以根据需要判断鼠标位置来确定是哪个弹出菜单被弹出,然后使用 Menu 类的 pop 方法来弹出菜单。

组件菜单对象 menu 提供了若干方法,例如:

add_cascade(coption,…):追加层叠菜单项;

add_command(coption,…):追加命令菜单项;

add_radiobutton(options,…):创建一个单选按钮菜单项;

add_separator():追加分隔符;

post(x,y):在坐标(x,y)处显示菜单。

代码如下:

```
import tkinter as tk
win = tk.Tk()
win.title('简易文件编辑界面')
win.geometry('500×300')
```

```
5  lab = tk.Label(win,text='响应菜单事件',bg=' yellow ', width=20)
6  lab.pack()
7  counter = 1
8  def do():
9      global counter
10     lab.config(text='操作 '+ str(counter))
11     counter += 1
12 def pop(event):
13     menubar.post(event. x_root,event.y_root)
14 menubar = tk.Menu(win)
15 filemenu = tk.Menu(menubar, tearoff=0)
16 menubar.add_cascade(label='文件', menu=filemenu)
17 filemenu.add_command(label='新建', command=do)
18 filemenu.add_command(label='打开', command=do)
19 filemenu.add_command(label='保存', command=do)
20 submenu = tk.Menu(filemenu)
21 filemenu.add_cascade(label='发送到', menu=submenu, underline=0)
22 submenu.add_command(label='可移动磁盘', command=do)
23 filemenu.add_command(label='退出', command=win.quit)
24 editmenu = tk.Menu(menubar, tearoff=0)
25 menubar.add_cascade(label='编辑', menu=editmenu)
26 for item in ['复制','粘贴','剪切','全选','反选']:
27     editmenu.add_command(label=item, command=do)
28 findmenu = tk.Menu(menubar, tearoff=0)
29 menubar.add_cascade(label='查看', menu=findmenu)
30 for item in ['超大图标','大图标','中等图标','小图标','列表']:
31     findmenu.add_command(label=item, command=do)
32 win.bind("<Button-3>",pop)
33 win.config(menu=menubar)
34 win.mainloop()
```

在程序代码中：

第 7 至 11 行定义了 do 菜单项命令函数，用来处理单击菜单命令选项的执行功能；

第 12 至 13 行定义 pop 右键快捷菜单函数处理右键来弹出菜单事件；

第 14 行调用 menu 组件在窗口的上方创建主菜单 menubar；

第 15 行调用 menu 组件创建第一个主菜单下拉菜单条，参数 tearoff=0 默认不下拉；

第 16 行调用 menu 组件 add_cascade 属性函数，将该菜单命名为“文件”，并通过参数 menu 放在主菜单栏中；

第 17 至 19 行调用 menu 组件 add_command 属性函数，在“文件”中加入“新建”子菜单命令，绑定鼠标点击触发事件处理函数 do 执行模拟操作显示功能；

第 20 行在“文件”子菜单栏上创建第下一级子菜单 submenu；

第 21 至 23 行与第 16、17 行的作用相同，但当前是给二级菜单命名“发送到”并添加二级菜单命令项；

第 24 至 27 行与第 15、19 行的作用类似，但是第 26 行采用 for 循环遍历第二个主菜单“编辑”的命令项，提高代码效率；

第 28 至 31 行与第 24、27 行作用类似，设置第三个主菜单项“查看”；

第 32 行用主窗口调用 bind 函数绑定右键快捷菜单事件函数；

第 33 行是创建菜单栏完成后，主窗口调用 config 方法通过 menu 配置让菜单栏显示出来。

程序执行结果如图 9-8 所示。

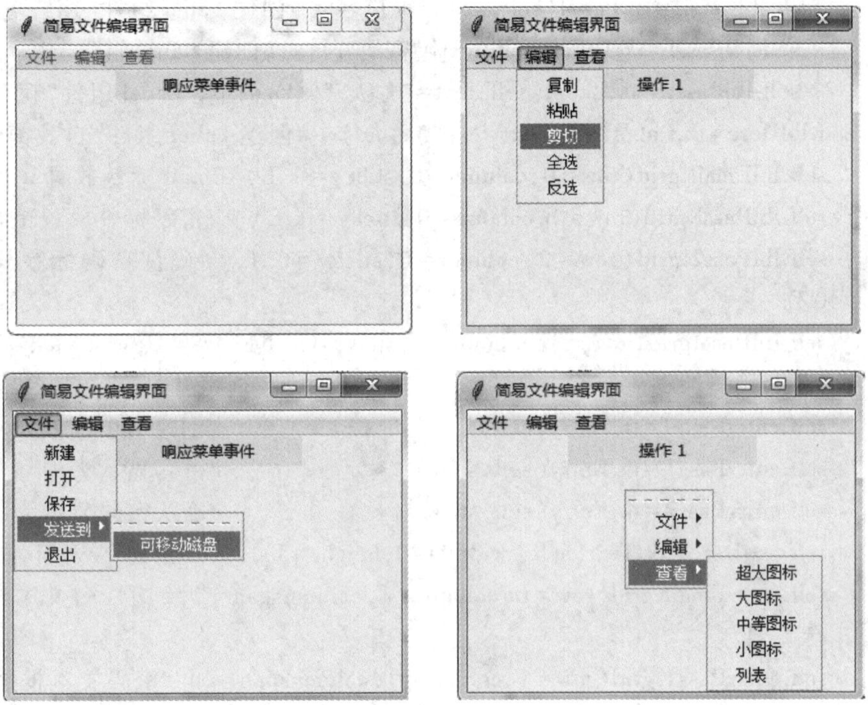

图 9-8　文件操作界面

例 9-8　用标签 Label 组件、输入文本显示 Entry 组件、按钮 Button、多行文本 Text 组件设计一个用户注册界面。

在开发正规和复杂的 GUI 应用程序时，一般需创建一个继承于 tkinter Frame 框架组件的应用类 Application。在其构造函数中，调用创建其子组件的方法 createWidgets。通过创建 Application 的对象实例，运行 GUI 应用程序。

(1)定义一个 GUI 应用程序类 Application，继承于 Frame 类；

(2)以 master 为父窗口，调用父类的构造函数；

(3)定义实例方法 createWidgets，创建标签 Label、文本输入显示框 entry、按钮 Button 和多行文本 Text 子组件；

(4)定义事件处理方法 funcOK；

(5)创建主窗口，创建 Application 的对象实例。

代码如下：

```
import tkinter as tk                    #导入 tkinter 模块
import tkinter.messagebox               #导入 tkinter 的对话框子模块
class Application(tk.Frame):            #定义 GUI 应用程序类,继承于 Frame 类
    def __init__(self, master = None):  #构造函数,master 为父窗口
        tk.Frame.__init__(self,master)  #调用父类的构造函数
        self.grid()                     #调用组件的 grid 方法,调整其显示位置和大小
        self.createWidgets()            #调用对象方法,创建子组件
    def createWidgets(self):            #定义对象方法创建子组件
        self.lblEmail=tk.Label(self,text='用户名')#创建 Label 组件"用户名"
        self.lblPassl=tk.Label(self,text='密码')    #创建 Label 组件"密码"
        self.lblPass2=tk.Label(self,text='确认密码')#创建 Label 组件"确认密码"
        self.lblDesc=tk.Label(self,text='自我简介')  #创建 Label 组件"自我简介"
        self.lblEmail.grid(row=0,column=0,sticky=tk.E)#Email 标签放置 0 行 0 列
        self.lblPassl.grid(row=1,column=0,sticky=tk.E)  #密码标签放置 1 行 0 列
        self.lblPass2.grid(row=2,column=0,sticky=tk.E)#确认密码标签放置 2 行 0 列
        self.lblDesc.grid(row=3,column=0,sticky=tk.NE)#自我简介标签放置 3 行 0 列
        self.entryEmail=tk.Entry(self)                    #创建 Entry 组件
        self.entryPass1=tk.Entry(self,show='*')           #密码显示为 *
        self.entryPass2=tk.Entry(self,show='*')           #确认密码显示为 *
        self.textDesc=tk.Text(self, width=20,height=5)    #创建 Text 组件
        self.entryEmail.grid(row=0,column=1,columnspan=2)#用户名文本框放置 0 行 1 列
        self.entryPass1.grid(row=1,column=1,columnspan=2)#密码文本框放置 1 行 1 列
        self.entryPass2.grid(row=2,column=1,columnspan=2)#确认密码框放置 2 行 1 列
        self.textDesc.grid(row=3,column=1,columnspan=2)  #自我简介框放置 3 行 1 列
        self.btnOk=tk.Button(self,text='注册',command=self.funcOK)#创建按钮组件
        self.btnOk.grid(row=4,column=1,sticky=tk.E)    #注册按钮放置 4 行 1 列
        self.btnCancel=tk.Button(self,text='取消',command=root.destroy)#建按钮
        self.btnCancel.grid(row=4,column=2,sticky=tk.W)#取消按钮放置 4 行 2 列
    def funcOK(self):                   #定义注册事件处理程序
        strl ='欢迎注册:\n'
        strl +="您的账户为:"+ self.entryEmail.get() +'\n'
        strl +="您的特长为:\n" +self.textDesc.get(0.0,tk.END)
        tk.messagebox.showinfo(title='注册',message=strl)  #弹出消息框
```

```
root = tk.Tk()                        #创建1个Tk根窗口组件 root
root.geometry('220x180')            #设置根窗口大小
root.title('新用户注册')             #设置根窗口标题
app=Application(master=root)        #创建 Application 的对象实例
app.mainloop()                        #调用组件的 mainloop 方法,进入循环
```

程序代码及运行结果如图 9-10 所示。

runfile('D:/python/注册界面.py')

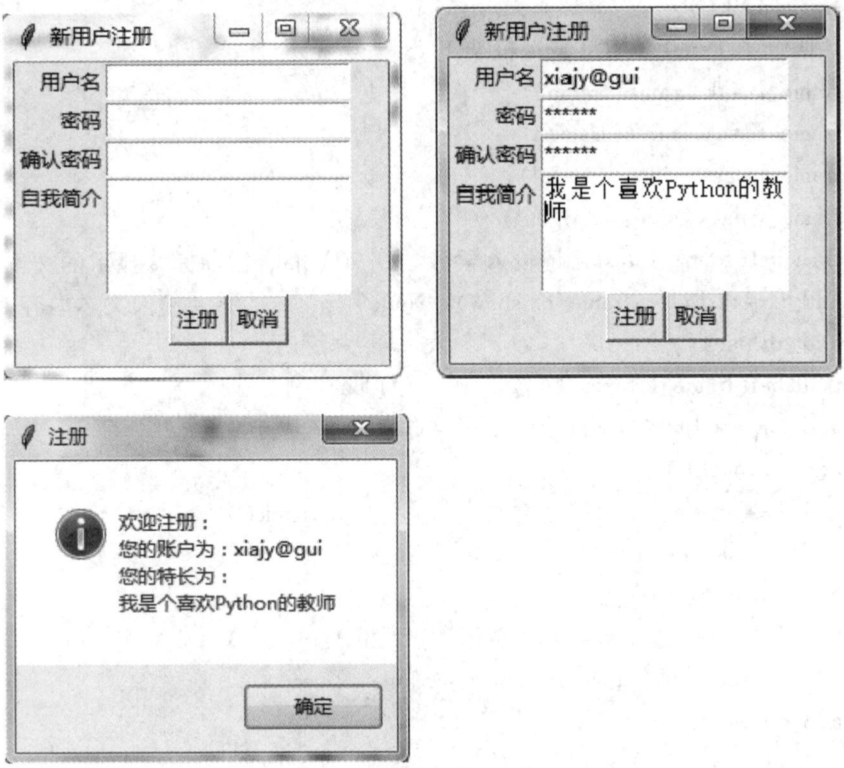

图 9-10　用户界面

例 9-9　应用 Tkinter 设计学生信息管理系统界面,连接 pymysql,完成学生大学语文、大学英语和高等数学成绩的管理,学号唯一,可根据学号查询、增加、修改成绩和全部查询。

```
import pymysql
import tkinter as tk
from tkinter import messagebox
ku = pymysql.connect(host = "localhost",user = "root",password = "123456",db =
"stdb")
cursor=ku.cursor()
def add():                    #定义增加数据图形窗口函数
    global second     #定义全局变量
    global add_xh
```

```
    global add_xm
    global add_yw
    global add_en
    global add_sx
    second =tk.Toplevel( )    #独立顶级窗口
    second.title("增加一条学生记录")
    second.geometry('300×300')
    frame =tk.Frame(second)    # 主 Frame
    frame.pack( )
    # 两个子 Frame 在主 frame 框架下
    frame_l =tk.Frame(frame)
    frame_r =tk.Frame(frame)
    frame_l.pack(side = 'left')
    frame_r.pack(side = 'right')
    tk.Label(frame_l,text='请输入学号          ').pack( ) #标签显示的文本
    add_xh=tk.Entry(frame_r, show = None)                   #输入文本内容
    add_xh.pack( )
    tk.Label(frame_l,text='姓名             ').pack( )
    add_xm=tk.Entry(frame_r, show = None)
    add_xm.pack( )
    tk.Label(frame_l,text='大学语文            ').pack( )
    add_yw=tk.Entry(frame_r, show = None)
    add_yw.pack( )
    tk.Label(frame_l,text='大学英语            ').pack( )
    add_en=tk.Entry(frame_r, show = None)
    add_en.pack( )
    tk.Label(frame_l,text='高等数学            ').pack( )
    add_sx=tk.Entry(frame_r, show = None)
    add_sx.pack( )
    b1=tk.Button(second,text='确定', width=15, height=2, command=insert_1)
    b1.pack( )
    second.mainloop( )
def insert_1( ):       #定义增加记录数据库表操作函数
    xh= add_xh.get( )   #获取 Entry 文本框的内容
    xm= add_xm.get( )
    yw= add_yw.get( )
    en= add_en.get( )
    sx= add_sx.get( )
    params = [xh,xm,yw,en,sx]    #获取的内容存入列表
    sql = "insert into biao(xh,xm,yw,en,sx) value(%s,%s,%s,%s,%s)" #插入
```

```
    biao 表
    try:
        cursor. execute(sql,params)
        ku.commit()
    except Exception as e:
        ku.rollback()#事件回滚
        tk.messagebox.showinfo(title = 'Hi', message = e)  #信息提示
        return
    ku.commit()
    tk.messagebox.showinfo(title = 'Hi', message ="增加成功")
def delete():              #定义删除数据窗口操作函数
    global del_xh
    third=tk.Toplevel()
    third.title("删除一条学生记录")
    third.geometry('300×300')
    frame =tk.Frame(third)
    frame.pack()
    framc_l =tk.Frame(frame)
    frame_r =tk.Frame(frame)
    frame_l.pack(side = 'left')
    frame_r.pack(side = 'right')
    tk.Label(frame_l,text='请输入学号          ').pack()
    del_xh=tk.Entry(frame_r, show = None)
    del_xh.pack()
    b1=tk.Button(third,text='确定', width=15, height=2, command=delete_1)
    b1.pack()
    third.mainloop()
def delete_1():       #定义删除记录数据库表操作函数
    id1=del_xh.get()
    sql3="delete from biao where xh="+id1
    try:
        i=cursor. execute(sql3)
    except Exception as e:
        tk.messagebox.showinfo(title = 'Hi', message = e)
    if i! =0:        #mysql 会返回一个值,当命令执行成功为 1,失败为 0
        ku.commit()
    else :
        ku.rollback()
        tk.messagebox.showinfo(title = 'Hi', message ="删除失败")
        return
```

```
    tk.messagebox.showinfo(title = 'Hi', message ="删除成功")
def change():          #定义修改数据窗口操作函数
    global fouth
    global change_xh
    global change_xm
    global change_yw
    global change_en
    global change_sx
    fouth =tk.Toplevel()
    fouth.title("修改一条学生记录")
    fouth.geometry('300×300')
    frame =tk.Frame(fouth)
    frame.pack()
    frame_l =tk.Frame(frame)
    frame_r =tk.Frame(frame)
    frame_l.pack(side = 'left')
    frame_r.pack(side = 'right')
    tk.Label(frame_l,text='请输入学号          ').pack()
    change_xh=tk.Entry(frame_r, show = None)
    change_xh.pack()
    tk.Label(frame_l,text='姓名            ').pack()
    change_xm=tk.Entry(frame_r, show = None)
    change_xm.pack()
    tk.Label(frame_l,text='大学语文            ').pack()
    change_yw=tk.Entry(frame_r, show = None)
    change_yw.pack()
    tk.Label(frame_l,text='大学英语            ').pack()
    change_en=tk.Entry(frame_r, show = None)
    change_en.pack()
    tk.Label(frame_l,text='高等数学            ').pack()
    change_sx=tk.Entry(frame_r, show = None)
    change_sx.pack()
    b1=tk.Button(fouth,text='确定', width=15, height=2, command=update_1)
    b1.pack()
    fouth.mainloop()
def update_1():       #定义修改记录数据库表操作函数
    xh= change_xh.get()
    xm= change_xm.get()
    yw= change_yw.get()
    en= change_en.get()
```

```
    sx= change_sx.get()
    params = [xh]
    sql = "select * from biao where xh=%s"
    cursor. execute(sql, params)
    biao = cursor.fetchone()
    if biao != None:
        if xh == biao[0]:
            sql = "update biao set xm=%s,yw=%s,en=%s,sx=%s where xh=%s"
            params = [xh,xm,yw,en,sx]
        try:
            cursor. execute(sql, params)
            ku.commit()
        except Exception as e1:
            conn.rollback()   # 发生错误时回滚
            tk.messagebox.showinfo(title = 'Hi', message = e)
            ku.close()
            return
            ku.commit()
            tk.messagebox.showinfo(title = 'Hi', message ="修改成功")
    tk.messagebox.showinfo(title = 'Hi', message ="找不到该学号,没法修改")
def query():          #定义数据库表全部记录查询操作函数
    fifth_2=tk.Toplevel()
    fifth_2.geometry('500×150')
    t = tk.Text(fifth_2, height=8)
    t.pack()
    cursor. execute('select * from biao')
    t.insert(1.0,'学号   姓名 大学语文 大学英语   高等数学')
    t.insert('end','\n')
    db=cursor.fetchall()
    for row in db:
        xh = row[0]
        xm = row[1]
        yw = int(row[2])
        en = int(row[3])
        sx = int(row[4])
        t.insert('end', xh)           #将数据插入 text 组件中
        t.insert('end', '      ')
        t.insert('end', xm)
        t.insert('end','        ')
        t.insert('end', yw)
```

```
            t.insert('end','        ')
            t.insert('end', en)
            t.insert('end','        ')
            t.insert('end', sx)
            t.insert('end','        ')
            t.insert('end','\n')
def inquire():          #定义窗口查询输入操作函数
    global inquire_xh
    sixth=tk.Toplevel()
    sixth.title("查询一条学生记录")
    sixth.geometry('300×150')
    frame =tk.Frame(sixth)
    frame.pack()
    frame_l =tk.Frame(frame)
    frame_r =tk.Frame(frame)
    frame_l.pack(side = 'left')
    frame_r.pack(side = 'right')
    tk.Label(frame_l,text='请输入学号          ').pack()
    inquire_xh=tk.Entry(frame_r, show = None)
    inquire_xh.pack()
    b1=tk.Button(sixth,text='确定', width=15, height=2, command=inquire_1)
    b1.pack()
    sixth.mainloop()
def inquire_1():          #定义数据库表记录各窗口条件查询操作函数
    id2=inquire_xh.get()
    sql_order="select * from biao where xh="+id2
    try:
        j=cursor. execute(sql_order)
        #mysql 返回一个值,当命令执行成功为 1,失败为 0
    except Exception as e:
        tk.messagebox.showinfo(title = 'Hi', message = e)
    if j! =0:
        sixth_1=tk.Toplevel()
        sixth_1.geometry('300×150')
        frame =tk.Frame(sixth_1)
        frame.pack()
        frame_l =tk.Frame(frame)
        frame_r =tk.Frame(frame)
        frame_l.pack(side = 'left')
        frame_r.pack(side = 'right')
```

```
            db=cursor.fetchall()
            for row in db:        #获取每行记录
                xh = row[0]
                xm = row[1]
                yw = int(row[2])
                en = int(row[3])
                sx = int(row[4])
            subject={"学        号":xh,"姓        名":xm,"大学语文":yw,"大学英语":en,"高等数学":sx}        #获取的记录存入字典
            for i,k in subject.items():      //遍历获取字典键和值
                tk.Label(frame_l,text=i+'：       ').pack()      #键写入标签
                tk.Label(frame_r,text= k).pack()                  #值写入标签
            ku.commit()
        else :
            ku.rollback()
            tk.messagebox.showinfo(title = 'Hi', message ="查询失败")
            return

w=tk.Tk()
w.title('×××学院')  #主窗口标题
w.geometry('500×350')   #窗口尺寸
tk.Label(text='学生成绩管理系统',bg='yellow').pack()   #标签
an=tk.Button(w,text="增加记录",command=add)
an.pack(padx=20,pady=10,fill = 'x')
an=tk.Button(w,text="删除记录",command=delete)
an.pack(padx=20,pady=10,fill = 'x')
an=tk.Button(w,text="修改记录",command=change)
an.pack(padx=20,pady=10,fill = 'x')
an=tk.Button(w,text="查询一个学生记录",command=inquire)
an.pack(padx=20,pady=10,fill = 'x')
an=tk.Button(w,text="查询全部学生记录",command=query)
an.pack(padx=20,pady=10,fill = 'x')
an=tk.Button(w,text="退出",command=w.destroy)
an.pack(padx=20,pady=10,fill = 'x')
w.mainloop()
```

运行结果如图 9-11 所示。

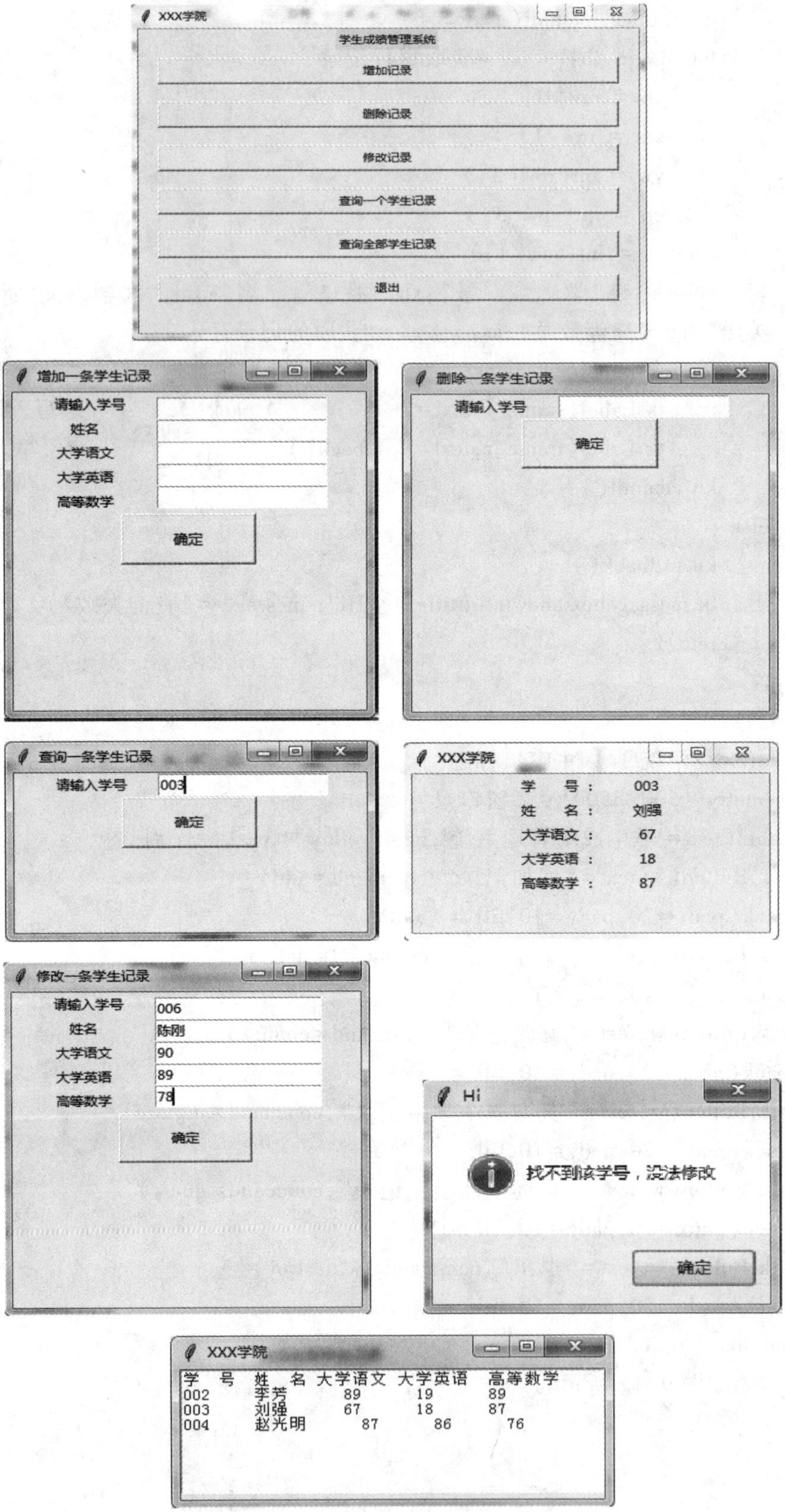

图 9-11 学生信息管理系统界面

实训与习题 9

实训

创建主窗口，练习使用常用组件。

实训要点：学习使用标签控件（Label）、按钮控件（Button）、输入控件（Entry）、文本控件（Text）、列表框控件（Listbox）、单选按钮控件（Radiobutton）、多选框控件（Checkbutton）、菜单控件（Menu）、菜单按钮控件（Menubutton）、滚动条控件（Scrollbar）、消息控件（Message）、框架控件（Frame）。

习题

1.Python 中有哪几种导入 tkinter 模块的方法？

2.创建一个图形用户界面 Hello world 主窗口。

3.创建 pack 几何布局程序，实现按钮布局界面。

4.创建 grid 几何布局程序，实现用户登录界面。

5.创建 place 几何布局程序，实现用户登录界面。

6.利用 Label 和 Button 组件，创建简易按钮程序。

7.利用 Entry 和 Text 组件，创建用户注册程序。

8.创建简单文本编辑器程序。

10 MySQL 数据库基本操作

在日常的程序开发中，有 90%的应用需要使用数据库，数据库为数据提供了安全、可靠、完整的存储方式。MySQL 是一个关系型数据库管理系统，是最流行的关系型数据库管理系统之一。在 WEB 应用方面，MySQL 是最好的关系数据库管理系统（Relational Database Management System，RDBMS）应用软件。Python 提供了多种连接数据库的手段，Python 操作数据库的方法主要有使用 MySQLdb、使用 PyMySQL、使用 mysql.connector 和使用 SQLAlchemy 几种。本章主要学习使用 PyMySQL 模块操作数据库。

■本章学习要点

（1）Pymysql 模块的安装和导入；

（2）MySql 数据库创建和连接；

（3）MySql 数据库表的创建及记录的增加、查询、修改、删除、排序操作。

10.1 MySQL 安装和设置

MySQL 所使用的 SQL 语言是用于访问数据库的最常用标准化语言。MySQL 软件采用了双授权政策，分为社区版和商业版。由于其体积小、速度快、总体拥有成本低，尤其是具有开放源码这一特点，一般中小型网站的开发都选择 MySQL 作为网站数据库。

10.1.1 下载安装

在 MySQL 官方网站上下载最新的 MySQL Installer 版本，下载链接为：https://dev.mysql.com/downloads/installer/。按照指示操作默认安装。在安装时，MySQL 会要求我们设置一个本地登录账号，账号名一般命为 root，端口为 3306，自定义一个 password 即可。

10.1.2 安装 PyMySQL 模块

PyMySQL 是 Python 中用于连接 MySQL 服务器的一个模块。它支持 Python3.x，是一个纯 Python 写的 MySQL 客户端，目标是替代 MySQLdb。

Python 没有自带对 MySQL 数据库的支持，PyMySQL 是 Python 程序连接 MySQL 数据库的第三方库，必须另外安装。在 Python 中输入 import pyMysql，若不报错，说明本机已安装 pymysql。如果没有安装，在 Windows 中运行 cmd，进入 Python 的安装目录的 scripts 子目录，执行命令：

pip install pymysql；

等待命令完成，即可安装成功。可以在 Python 中使用 import pymysql 导入这个模块驱动 MySQL 数据库。

10.2 创建数据库

创建一个数据库，用户登录 MySQL 数据库，进入 MySQL 命令行环境，用“CREATE DATABASE 数据库名；”命令创建数据库。

在 Python IDLE 环境中可用如下方法创建数据库：

第 1 步，用 import pymysql 语句引入 pymysql 模块；

第 2 步，用 pymysql 调用 connect( ) 方法创建 sql 对象 con。其格式为：

con = pymysql.connect(host=“数据库地址”, port=“数据库端口”, user=“用户名”, password=“密码”, charset=“utf8”)

其中，connect 是 pymysql 的连接方法；参数 host 是指连接的 MySQL 主机，连接的数据库位于服务器 host 上，可以是服务器的 IP 地址或者服务器名称，本地 MySQL 数据库地址是 127.0.0.1；参数 port 是指连接的 MySQL 主机的端口，MySQL 数据库的默认端口号是 3306；参数 user 是连接的用户名；参数 password 是连接的密码；参数 charset 是通信采用的编码方式，有 utf8、gbk 等。

第 3 步，创建游标对象。游标是一种临时的数据库对象，是指向查询结果集的一个指针。游标一次只指向一行，提供了在逐行的基础上操作表中数据的方法。用 sql 对象创建游标对象 cursor。创建的游标对象格式为：

cursor = con.cursor( )

第 4 步，用游标对象调用 execute( ) 方法，执行 SQL 建库语句。其格式为：

cursor.execute(“create database 数据库名 character set utf8;”)

创建后可用“show databases”命令查看已建数据库。

第 5 步，用 cursor.close( ) 关闭游标。 #

例 10-1 启动 MySQL，创建一个名为 stdb 的数据库。代码如下：

```
import pymysql                          #导入 pymysql 模块
con = pymysql.connect(host ='localhost',port =3306,
user ='root',passwd ='123456',charset ='utf8')        #创建 sql 对象 con
cursor = con.cursor()                                  #创建游标对象
```

```
try:
    cursor.execute('create database stdb character set utf8;')    #创建数据库
    print("done")
except Exception as err:
    print(err)
cursor.close()                    #关闭游标
```

10.3　连接数据库

在连接数据库之前必须存在连接的数据库，如果数据库不存在，直接连接则会报错。其方法是用 pymysql 调用 connect( )方法连接已有数据库。在 Python IDLE 环境中，连接 MySQL 数据库的格式为：

pymysql.connect(host = "数据库地址", port = "数据库端口", user = "用户名", password = "密码", database = "数据库名", charset = "utf8")

参数 database 是要连接的数据库名，是指连接之前必须在 MySQL 中建立的数据库名称。

例 10-2　开启 MySQL，用 Python 连接已建好的 stdb 数据库。代码如下：

```
import pymysql
try:
    pymysql.connect(host="127.0.0.1", port=3306, user="root", passwd="123456",
db="stdb", charset="utf8")             #连接的数据库
    print("连接成功")
except Exception as err:
    print(err)
```

10.4　创建数据表

pymysql 创建数据表是用游标对象调用 execute( )方法，执行单条 sql 建表语句。其语法格式为：

cursor.execute(创建表命令)

创建数据表使用 SQL 语句"CREATE TABLE"。创建表命令的基本格式为：

create table 表名 (字段 1 名 数据类型 约束，…，字段 n 名 数据类型(字节)约束)；

字段名也是列名。约束是为了防止不符合规范的数据进入数据库，设置的某种约束条件或规则。如 NOT NULL 限制列取非空值，primary key 指定本列为主键，unique key 限制列取值不重复。

例 10-3　在 MySQL 的 stDB 数据库中创建一张学生记录表 students，包含学号、姓名、性别、年龄四个字段，如表 10-1 所示。

表 10-1 学生记录表

字段名	类型	主键	描述
sNo	varchar(16)	是	学号 ID
sName	varchar(16)		姓名
sex	varchar(8)		性别
age	int		年龄

程序代码及运行结果如下：

```
1  import pymysql
2  con = pymysql.connect(host="127.0.0.1", port=3306, user="root",
3  passwd="123456",
4  db="stdb", charset="utf8")          #连接本地数据库
5  cursor = con.cursor()               #创建游标
6  cursor.execute("DROP TABLE IF EXISTS students")    #如果存在 students 表,则删除
7  sql = """                           #建表语句赋给参数 sql
8  create table students               #创建 students 表语句
9  (
10         sNo char(16) primary key,   #设置第 1 列并指定 sNo 为主键
11         sname char(16),             #设置第 2 列
12         sex char(8),                #设置第 3 列
13         age char(8)                 #设置第 4 列
14  ) default charset = utf8;          #设置字符字段的编码可插入汉字数据
15  """
16  try:
17         cursor.execute(sql)         # 执行 SQL 建表语句
18         print("创建数据库表成功")
19  except Exception as err:
20         print("创建数据库表失败:%s"%err)      # 抛出建表失败异常信息
21  finally:
22  cursor.close()                     #关闭游标连接
```

第 6 行中"DROP TABLE IF EXISTS students"是删除表命令,如果在 stdb 库中已存在名为 students 的表,则删除 students 表以便重新创建。

10.5 表中数据记录的操作

10.5.1 增加行数据

pymysql 在表中增加数据记录用 SQL 的"INSERT"语句来完成,可插入单条或多条数据。

(1)插入一条数据用游标对象调用方法 execute(),格式为:

cursor. execute(sql 插入命令)

(2)批量方式插入多条数据用游标对象调用 executemany()方法,格式为:

cursor. executemany(sql 插入命令)

(3)sql 插入命令格式为:

insert into 表名(字段名 1,…,字段名 n) values (数据 1,…, 数据 n)

通常用带参数的 SQL 插入命令,即把不确定的值用占位参数"%"表示。参数列表是对应参数的具体值,它们放在一个元组或者列表中。例如:

cursor. execute("insert into students (sNo,sName) values (%s,%s)",('001','张明'))

在执行该语句时,字段 sNo 和 sName 用参数%s,%s 表示,具体的值由后面的元组('001','张明')提供,即 sNo='001', sName='张明'。

(4)更新数据表格用 commit()语句提交当前事务。

例 10-4　连接数据库 stdb ,插入单行和列表多行数据,并处理操作中的异常。代码如下:

```
1  import pymysql
2  con = pymysql.connect(host="127.0.0.1", port=3306, user="root",
3  passwd="123456",db="stdb", charset="utf8")              #连接数据库 stdb
4  cursor = con.cursor()                                    #创建游标对象
5  sql="INSERT INTO students(sNo,sName,sex,age) VALUES(%s,%s,%s,%s)"   #插入命令
6  val_1 = ('001','张明','男',20)              #单行数据
7  val_2 = [('002','李芳','女',19),            #多行数据值列表
8        ('003', '刘强', '男', '18'),
9        ('004','赵光明','男','22')]
10  try:
11        cursor. execute(sql,val_1)          #执行单行插入命令
12        cursor. executemany(sql,val_2)      #执行多行插入命令
13        con.commit()                        #提交到数据库执行
14        print("插入数据成功")
15  except Exception as err:
16        print("插入数据失败:%s"%err)        #抛出插入失败异常信息
17  cursor.close()        #关闭游标对象
18  con.close()           #关闭数据库连接
```

由于建 students 表时设置 sNo 为主键,学号列的数据不能重复,如果第 6 行或第 7 至 9 行的 sNo 列数据有重复,当执行第 11 行或第 12 行时将执行第 16 行报错。

10. 5. 2　查询行数据

10. 5. 2. 1　查询数据命令

查询数据用的是 SQL 的 select 命令。其语法格式为:

sql="Select * FROM 表名 Where 查询条件"

cursor. execute(sql)

10.5.2.2 读取数据

读取数据有以下三种方法：

(1)获取下一行数据，第一次为首行：

cursor.fetchone( )

(2)获取所有行数据，即读取从游标位置后的所有数据：

cursor.fetchall( )

(3)获取指定第 n 行以前的数据，即读取从游标位置下一行到指定行数的数据行：

cursor.fetchmany(n)

例 10-5　从 stdb 数据库读取 students 表的记录。程序代码及运行结果如下：

```
1  import pymysql
2  try:
3      con = pymysql.connect( host="127.0.0.1", port=3306, user="root",
4      passwd ="123456",db="stdb", charset="utf8")        #连接数据库
5      cursor = con.cursor()                               #创建游标
6      sql ="select * from students where sNo is not null"  #查询命令语句
7      cursor. execute( sql)                               #执行查询命令语句
8      row = cursor.fetchone( )               #读取游标位置的下一行数据
9      print( row)
10     result = cursor.fetchall( )          #读取从游标位置后的所有数据
11     print( result)
12     result = cursor.fetchmany(2)   #读取从游标位置下一行到指定第 2 行内的数据行
13     print( result)
14  except Exception as err:
15     print( err)
16  finally:
17     cursor.close( )
```

```
runfile('D:/python/selectStudents. py')
'001', '张明', '男', '20')
(('002', '李芳', '女', '19'), ('003', '刘强', '男', '18'), ('004', '赵光明', '男', '22'))
()
```

第 6 行代码查询条件为 students 表中学号 sNo 的值不为空的数据行，执行第 8 行代码读取首行数据，第 11 行代码读取首行后从第 2 行开始的所有数据行，第 11 行代码已读取完表中全部数据，第 13 行代码从游标位置开始的 2 行数据读取为空元组。

10.5.3 修改数据

pymysql 在表中修改数据用 SQL 的“UPDATE”语句，可按指定条件修改一列或多列数据值。其语法格式为：

```
cursor.execute(sql)
sql="update set 表名 字段名 1=新数据 1,…,字段名 n=新数据 n 条件名='条件值'"
```

例 10-6　把表 students 中姓名为"刘强"的名字改成"刘大强"。代码如下：

```
1  import pymysql
2  con = pymysql.connect(host="127.0.0.1", port=3306, user="root",
3  passwd="123456",db="stdb", charset="utf8")                 #连接数据库 stdb
4  cursor = con.cursor()                                         #创建游标对象
5  sql = "update students set sName ='刘强' where sName = '刘大强'"   # SQL 更新语句
6  try:
7      cursor.execute(sql)                        #执行 SQL 更改语句
8      con.commit()                               #提交更新
9      print("修改成功")
10 except Exception as err:
11     print("修改数据失败:%s"%err)
12 cursor.close()      #关闭游标
```

第 5 行如果没有条件,则将把字段为 sName 列的所有姓名都更改为'刘大强'。

10.5.4　删除数据行

删除一条数据用"DELETE FROM"语句,语法格式为：

```
sql= "delete from 表名 where 条件名='条件值'"
```

例 10-7　在表 students 中,删除 age 大于 20 的所有记录。代码如下：

```
1  import pymysql
2  con = pymysql.connect(host="127.0.0.1", port=3306, user="root",
3  passwd = "123456",db="stdb", charset="utf8")               #连接数据库 stdb
4  cursor = con.cursor()                                        #创建游标对象
5  sql = "delete from students where age > 20"        # SQL 删除语句
6  cursor.execute(sql)                  #执行 SQL 删除语句
7  con.commit()                         #提交更新
8  cursor.close()       #关闭游标
9  con.close()          #关闭数据库连接
```

第 5 行代码中删除条件为字段 age 列中年龄大于 20 的所有数据行。

10.5.5　数据排序

查询结果排序可以使用 ORDER BY 语句,默认的排序方式为升序,如果要设置降序排序,可以设置关键字 DESC。

例 10-8　按照年龄对 students 表进行升序排列。程序代码及运行结果如下：

```
import pymysql
con = pymysql.connect(host="127.0.0.1", port=3306, user="root",
passwd="123456",db="stdb", charset="utf8")          #连接数据库
cursor = con.cursor()                                  #创建游标
```

```
sql ="select * from students order by age"    #排序查询命令语句
cursor. execute(sql)                            #执行排序查询命令语句
try:
    result = cursor.fetchall()         # 读取符合条件所有数据
    for x in result:                    # 遍历数据行
        print(x)                        #输出排序结果
except Exception as err:
    print(err)
finally:
cursor.close()    #关闭数据库连接
```

```
runfile('D:/python/orderStudents.py')
('003', '刘强', '男', '18')
('002', '李芳', '女', '19')
('001', '张明', '男', '20')
('004', '赵光明', '男', '22')
```

10.6 应用实例

例 10-9 设计一个学生成绩管理系统,连接数据库 stdb,添加学生两门课程的成绩到 StuSys 表,可进行删除学生成绩、查询学生成绩、修改学生成绩、显示学生成绩操作。程序如下:

```
import pymysql          #pymysl 导入模块
db = pymysql.connect     #调用 connect()方法创建 sql 对象 db,连接数据库 stdb
      host='localhost',
      port=3306,
      user='root',
      passwd='123456',
      db='stdb',
      charset='utf8'
cursor = db.cursor()              #创建游标对象 cursor
def addInfo():           #定义添加函数
    db = pymysql.connect(host='localhost',port=3306,user='root',passwd='123456',
  db='stdb', charset='utf8')
    cursor = db.cursor()
    xh = input("请输入学号:")
    xm = input("请输入姓名:")
    py = input("请输入大学英语成绩:")
    eng = input("请输入 py 成绩:")
```

```
    sql = "INSERT INTO StuSys(xh,xm,eng,py)VALUES (%s,%s,%s,%s)"
    try:
        cursor.execute(sql, (xh,xm,eng,py))  #插入记录到 StuSys 表中
        db.commit()                          #提交到数据库执行
    except:
        db.rollback()  #不提交前面的修改操作,使用 rollback 回滚取消操作
    db.close()         #关闭数据库连接
def delst(delxh):   #定义删除函数
    db = pymysql.connect(host='localhost', port=3306, user='root', passwd='123456', db='stdb', charset='utf8')
    cursor = db.cursor()
    sql = "DELETE FROM StuSys WHERE xh='" + delxh + "'"  #设置删除条件
    try:
        cursor.execute(sql)          #删除记录
        db.commit()
    except:
        db.rollback()  #不提交前面的修改操作,使用 rollback 回滚取消操作
    db.close()
    print("删除成功")
def query(stxh):    #定义查询函数
    db = pymysql.connect(host='localhost', port=3306, user='root', passwd='123456', db='stdb', charset='utf8')
    cursor = db.cursor()
    sql = 'select * from StuSys where xh="%s"' % stxh     #设置查询条件
    try:
        cursor.execute(sql)                      #查询记录
        results = cursor.fetchall()         #读取所有行记录
        print("xh=%s,xm=%s,eng=%s,py=%s" %(results[0][0], results[0][1], results[0][2], results[0][3]))
        return True
    except:
        db.rollback()
def update(Nxh,Nxm,Neng,Npy):       #定义修改函数
    db = pymysql.connect(host='localhost', port=3306, user='root', passwd='123456', db='stdb', charset='utf8')
    cursor = db.cursor()
    sql = "UPDATE StuSys SET py='%s',xm='%s',eng='%s' WHERE xh = '%s'"%(Npy,Nxm,Neng,Nxh)  #设置修改条件
    try:
        cursor.execute(sql)      #修改记录
```

```
            db.commit()
        except:
            db.rollback()
        db.close()
def show():          #定义显示函数
    db = pymysql.connect(host='localhost', port=3306, user='root', passwd='123456', db='stdb', charset='utf8')
    cursor = db.cursor()
    sql = "select * from StuSys"
    cursor.execute(sql)                #执行查询命令
    results = cursor.fetchall()
    for row in results:         #遍历每条记录
        xh = row[0]                #第 1 列数据赋给变量 xh
        xm = row[1]                #第 2 列数据赋给变量 xm
        eng = int(row[2])
        py = int(row[3])
        print("学号:%s     姓名:%s   大学英语:%s   python:%s" %(xh, xm, eng, py))
def stMenu():                #定义菜单函数
    print("=" * 30)
    print("欢迎使用学生成绩管理系统")
    print("    1.添加学生成绩")
    print("    2.删除学生成绩")
    print("    3.查询学生成绩")
    print("    4.修改学生成绩")
    print("    5.显示学生成绩")
    print("    6.退出系统")
    print("=" * 30)
while True:
    stMenu()        #调用菜单函数
    menu = input("请输入选项序号:")
    while not menu.isdigit():   #函数 isdigit()检测字符串是否只由数字组成
        menu = input("输入错误,请重新输入:")
    if int(menu) == 1:
        addInfo()           #调用添加函数
    elif int(menu) == 2:
        delxh = input("请输入要删除的学生学号:")
        delst(delxh)
    elif int(menu) == 3:
        stxh = input("请输入要查询的学生学号:")
```

```
        query(stxh)
    elif int(menu) == 4:
        Nxh = input("要修改的学生学号:")
        Nxm = input("请重新输入学生姓名:")
        Npy = input("请重新输入大学英语成绩:")
        Neng = input("请重新输入 python 成绩:")
        update(Nxh,Nxm,Neng,Npy)        #带实参调用修改函数
    elif int(menu) == 5:
        show()             #调用显示函数
    elif int(menu) == 6:
        print("再见!")
        break
    else:
        print("输入序号无效")
```

运行结果如下：

```
==================================
欢迎使用学生成绩管理系统
  1.添加学生成绩
  2.删除学生成绩
  3.查询学生成绩
  4.修改学生成绩
  5.显示学生成绩
  6.退出系统
==================================
请输入选项序号:5
学号:1001     姓名:张明   大学英语:80   python:89
学号:1002     姓名:李芳   大学英语:92   python:78
学号:1234     姓名:赵强   大学英语:69   python:86
==================================
欢迎使用学生成绩管理系统
  1.添加学生成绩
  2.删除学生成绩
  3.查询学生成绩
  4.修改学生成绩
  5.显示学生成绩
  6.退出系统
==================================
请输入选项序号:6
再见!
```

例 10-10　定义类，设计一个学生信息管理系统，连接数据库 stdb，添加学生学号、姓名、性别和年龄信息到 Stu 表，可进行删除学生信息、修改学生信息、显示学生信息操作。程序如下：

```
import pymysql
class Student:                    #定义学生类
    def __init__(self,xh,xm,xb,nl):   #定义构造函数
        self. xh = xh
        self. xm = xm
        self. xb = xb
        self.nl = nl
    def __str__(self):      #定义__str__构造方法返回 msg 符串的值
        msg = "学生信息:xh=" + self. xh + ",xm=" + self. xm + ",xb=" + self. xb
  +",nl="+ self.nl
         return msg
 def addStu():  #定义添加学生信息函数
 xh = input("请输入学生学号:")
     conn = pymysql.connect(host='localhost', port=3306, db='stdb', user='root',
 passwd='123456', charset='utf8') #连接数据库
     cursor = conn.cursor()       #创建游标
     params = [xh]
     sql = "select * from stu where xh=%s"    #查询学号是否存在
     cursor. execute(sql,params)
     stu = cursor.fetchone()       #读取游标位置的下一行数据
     if stu ! = None:
         if xh == stu[0]:
             print("该学号已存在,不能重复添加")
             conn.close()
     xm = input("请输入学生姓名:")
     if xm =="":
         xm = input("姓名不能为空！输入要修改的姓名:")
     while True:          #判断性别输入是否正确
         xb = input("请输入学生性别:")
         if (xb=="男" or xb=="女"):
             break
        else:
             print("输入性别无效")
     nl = input("请输入学生年龄:")
     params = [xh,xm,xb,nl]        #定义列表
     sql = "insert into stu(xh,xm,xb,nl) value(%s,%s,%s,%s)"
     cursor. execute(sql, params)   # 把单个学生信息添加到列表中
```

```
    conn.commit()
    conn.close()
    print("添加成功:")
def delStu():        # 删除学生信息
    xh = input("请输入要删除的学生学号:")
    conn = pymysql.connect(host='localhost', port=3306, db='stdb', user='root', passwd='123456', charset='utf8')
    cursor = conn.cursor()
    params = [xh]
    sql = "delete from stu where xh=%s"
    try:
        cursor.execute(sql, params)
        conn.commit()
        conn.close()
        return 0
    except Exception as e:
        conn.rollback()
        conn.close()
        print(e)
        return 1
def updateStu():        # 修改学生信息
    xh = input("请输入要修改的学生学号:")
    conn = pymysql.connect(host='localhost', port=3306, db='stdb', user='root', passwd='123456', charset='utf8')
    cursor = conn.cursor()
    params = [xh]
    sql = "select * from stu where xh=%s" #条件查询
    cursor.execute(sql, params)
    stu = cursor.fetchone()
    if stu ! = None:
        if xh = = stu[0]:
            xm = input("请输入要修改的学生姓名:")
            if xm ! = "":
                xm = input("姓名不能为空！输入要修改的姓名:")
            while True:
                xb = input("请输入要修改的学生性别:")
                if (xb= ="男" or xb= ="女"):
                    break
                else:
                    print("输入性别无效")
```

```
            nl = input("请输入要修改的学生年龄:")
            sql = "update stu set xm=%s,xb=%s,nl=%s where xh=%s"
            params = [xm,xb,nl,xh]
            try:
                cursor.execute(sql, params)
                conn.commit()
                conn.close()
                print("修改成功")
            except Exception as e1:
                conn.rollback()   # 发生错误时回滚
                conn.close()
                print("修改失败")
                print(e1)
                return
                print("找不到该学号,没法修改")
def selectStu():    # 查询学生信息
    conn = pymysql.connect(host='localhost', port=3306, db='stdb', user='root', passwd='123456', charset='utf8')
    cursor = conn.cursor()
    sql = "select * from stu "
    cursor.execute(sql)
    results = cursor.fetchall()
    if results != None:
        i = 0
        for row in results:
            xh = row[0]
            xm = row[1]
            xb = row[2]
            nl = row[3]
            i = i+1
            print("学号: %s 姓名: %s 性别: %s 年龄: %s" % (xh, xm, xb, nl))
    else:
        print("查询失败,查不到该学生信息")
flag = 0
while flag != 1:
    print("==" * 30)
    print("欢迎使用学生信息管理系统")
    print("1.添加学生信息")
    print("2.删除学生信息")
    print("3.修改学生信息")
```

```
    print("4.显示学生信息")
    print("5.退出系统")
    print("==" * 30)
    step = input("请输入你的操作:")
    step = int(step)
    if step == 1:
        addStu()
    elif step == 2:
        num = delStu()
        if num == 0:
            print("删除成功")
        elif num == 1:
            print("删除失败")
    elif step == 3:
        updateStu()
    elif step == 4:
        selectStu()
    elif step == 5:
        flag = 1
    else:
        print("输入指令错误,请重新输入!!")
print("退出系统成功")
```

程序运行结果如下:

```
runfile('D:/python /学生信息管理系统 . py')
============================================================
欢迎使用学生信息管理系统
  1.添加学生信息
  2.删除学生信息
  3.修改学生信息
  4.显示学生信息
  5.退出系统
============================================================
请输入你的操作:4
学号: 1001   姓名: 张明     性别: 男     年龄: 21
学号: 2004   姓名: 李芳     性别: 女     年龄: 21
学号: 1002   姓名: 王大强   性别: 男     年龄: 23
学号: 1100   姓名: 刘丽芬   性别: 女     年龄: 20
============================================================
欢迎使用学生信息管理系统
  1.添加学生信息
```

2.删除学生信息
3.修改学生信息
4.显示学生信息
5.退出系统
===
请输入你的操作:5
退出系统成功

实训与习题 10

实训

MySQL 数据库操作。

实训要点:

(1)安装 pymysql 模块;
(2)创建一个数据库;
(3)连接数据库;
(4)创建一个记录表;
(5)向表插入几条记录;
(6)查询所有记录;
(7)对所有记录排序;
(8)修改其中一条记录;
(9)删除其中一条记录。

习题

1.简述用 pymysql 模块创建一个数据库的方法。

2.简述 Python 连接 MyQL 数据库的方法。

3.在 MySQL 的 stDB 数据库中创建一张学生记录表 students,包含学号、姓名、性别、年龄四个字段。

4. rowcount0 返回值代表什么?

5. MySQL 中如何使用带参数的 SOL 命令?

6.数据库操作完成后为什么要调用 commit( )函数?

7.什么是游标 cursor? 它有什么作用?